JN011718

わき芽を伸ばして
力を引き出す

トマト
ソバージュ栽培

農文協
［編］

元木 悟
トマトのソバージュ栽培を考える会
［著］

農文協

まえがき

農業生産は季節や天候などに左右され、最近では、野菜も異常気象や天候不順などの影響を受けることが多くなりました。野菜の安定供給を目指し、明治大学農学部農学科・野菜園芸学研究室でもさまざまな取り組みを行なっています。そのなかには画期的と評価され、全国に広がる栽培法も生まれています。近年、成果をあげている栽培法の一つがトマトの「ソバージュ栽培」です。

トマトは需要が高く、売上高がもっとも大きい野菜です。以前は大玉が中心でしたが、中玉やミニなどにも嗜好が広がり、ミニトマトが生産の2割程度を占めるようになりました。最近では、さまざまな色のミニトマトが育種され、多様なカラフルトマトが店頭に並びます。トマトといえば夏の野菜というイメージを抱く人が多いと思いますが、実際は夏場の露地栽培では非常につくりづらい野菜です。気温が35℃以上になると花粉の稔性が悪くなり、着果しにくくなります。つまり、花粉があまり出なくなり、実がつかなくなるのです。また、高温になると赤い色素のリコペンが発現しなくなり、赤くならずに色づきの悪いトマトになります。さらに、雨が多いと病気が発生しやすくなります。気温が異常に上がり、集中豪雨がよく起こる最近の日本の夏の気象は、トマトにとって大敵です。

それらの課題を解決するため、盛夏期にも生産が可能で省力的なトマトの新栽培法として私たちが開発したのがソバージュ栽培です。ソバージュ栽培のポイントは、支柱高2m、支柱間2mほどの逆U字型の支柱を2mほどの間隔に並べて立て、全体にネットをかけてトマトの茎を誘引することです。そこに、茎や葉などを伸びるのに任せておくことが、従来のトマト栽培にはまったくなかった新発想です。やがて、伸びた茎や葉などによるトンネルができあがります。トンネルの外側の葉には太陽の光がさんさんと降り注ぎ、光合成が活発に行なわれます。ところが、トンネルの内側は葉の繁茂によって光が十分に当たらず、外側に比べて温度も低い状態です。そこに果実がつきやすいのです。

ソバージュ栽培のメリットはいくつかあります。盛夏期にも生産が可能で、入荷量が少ない時期に消費者の需要に応えられること。設備は少なく、初期投資がハウスの3分の1程度の費用ですむこと。面積当たりの収量は従来の栽培法と同等ですが、1株当たりでは5～6倍になり、苗の購入費が抑えられること。生育は放任で、従来のわき芽かきや葉かき、交配やかん水、植物成長調整剤（植物ホルモン剤）の散布といった栽培管理がほぼ不要であること。こうしたメリットが画期的と評価され、全国各地で普及しています。

本書では、パイオニアエコサイエンス株式会社の永田裕さんが主宰するフェイスブックグループ「トマトのソバージュ栽培を考える会」の事例も紹介しました。明治大学と共同研究した岩手県農業研究センターの研究成果も藤尾拓也氏の協力を得て紹介しました。ソバージュ栽培は工夫次第で新たな挑戦が可能です。たとえば、ソバージュ栽培の緑のトンネルを利用し、子どもたちによる摘みたてトマトの収穫や試食体験などもおもしろいかもしれません。

本書がソバージュ栽培の新たな取り組みの一助となれば幸いです。

2021年3月

元木　悟

目次

まえがき　1

第1章　これからがおもしろいトマト栽培

1　生食用の多様化と調理・加工用への期待……10
●需要が増えるミニトマト　10
●調理・加工で健康効果がさらに高まる　11
●消費量拡大の余地は調理・加工向けトマト　12

2　高単価の夏場以降にターゲット……12
●夏に生産が減少する理由　12
●ミニトマトの価格の値動き　12

3　課題の克服へ……13
●調理・加工用に適したトマト品種が必要　13
●実需者が受け入れられる価格を実現できるか　13
●省力化をはかりたい　14

第2章　ソバージュ栽培の誕生と広がり

1　東日本での広がり……16
●ソバージュ栽培の三つの特徴　16
●ソバージュ栽培の誕生──横手市実験農場での発見　16
●ソバージュ栽培との出会い　17
●省力性とトマトの能力を引き出せる栽培法が魅力　18
●明治大学を拠点に普及　18
●黄化葉巻病への対応　20

2　ソバージュ栽培成功のための二つのポイント……21
●畑の排水性　21
●初期生育をよくする　22

3　難しいと思われた西日本での広がり……22
●ハウスの収量に匹敵するソバージュ栽培
各地の農家の実践　22
▼コストダウンが課題だった　22／▼大分県玖珠町(くすまち)での挑戦　23／▼島根県邑南町(おおなんちょう)でハウス超えの多収　23

●各地でイベント・セミナーを開催　24
●フェイスブックの活用　25

4　ソバージュ栽培の生理
――尻腐れ・裂果が少ない理由……25

●尻腐れ果が少ない　26
▼広く深く張る根がカルシウムを吸収　26／▼尻腐れ果はチッソとカルシウムのバランスの崩れから　26／▼生長点・幼果がチッソを引き寄せバランスを保つ　26
●裂果が少ない　27
▼裂果になる要因　27／▼たくさんの葉が日傘になる　28／▼リコペンの生成を高め、着色不良を解消　28／▼細胞を強化するカルシウムの吸収が多い　29
●三つのバランスを考える　29
▼チッソとカルシウムのバランス　29／▼地上部と地下部のバランス　29／▼シンクとソースのバランス　30／▼三つのバランスは関連しあっている　31

第3章　ソバージュ栽培の特徴

1　栽培管理の手間がかからない……34
2　おもな設備はアーチパイプとネットとマルチ……34
3　株間・条間をゆったりとる……35
4　干ばつや多雨などの天候の影響を受けにくい……35
5　裂果・日焼け果・尻腐れ果が少ない……35
6　病害の発生が少ないので減農薬につながる……36
7　機能性成分のリコペンの含量が増える……36
8　収益性に優れた栽培法……37
●疎植でも従来の栽培と同等の収量　37
●一般的なハウス栽培と同等以上の収量も　37
●同等以上の収量を低コストで実現できる　37

第4章　ソバージュ栽培のポイント

1　葉の力を最大限に生かす……40
・葉面積が大きく光合成が盛ん　40
・光合成に必要なミネラルの施用　40
・リーフカバーの効用が大きい夏場のトマト栽培　41

2　仕立ての考え方……41
・キュウリネットに寄りかからせる　41
・初期生育をよくして天井をふさぐ　41
・収穫の山を均す仕立ても　42
・仕立ての工夫　42

3　旺盛な根張りを確保する……43
・排水よく、高ウネでの対応も　43
・団粒構造で土つくり、地上部をのびのびと　43
・必要なミネラルを十分に供給する　43

4　品種の選び方……44
・収穫作業がラクになる品種の特性　44
・ヘタが取れて腐敗しにくい　44
・丸いトマト、生食用は裂果しやすい　45
・房取りは着果負担が大きすぎる　45
・カラフルトマトと調理用トマト　46

第5章　ソバージュ栽培の導入

1　栽培の目標と作型の選び方……48
・収量目標は1株当たり5～7kg　48
・作型の選び方、組み合わせ方　48

2　導入時とその後のコスト……49
・初年度は40～50万円強　49
・2年目以降は7～14万円前後に　51

第6章　ソバージュ栽培の実際（基本編）

1　畑の選定と栽培の準備……54
・畑の選定　54
・土壌改良　54
・元肥　54

●耕起およびウネ立て、マルチ選び　54
●支柱およびネットの設置　55

2　苗の準備……57
●購入苗の準備　57
●育苗する場合のポイント　57

3　定植以降の栽培管理……58
●定植　58
●定植後の管理　59
●整枝および誘引　60
●ホルモン処理　61
●追肥　62
●裂果対策　62

4　収穫および調製（増収対策）……63

5　病虫害対策……64
●斑点病　64
●エキ病　65
●青枯病　65
●灰色カビ病　66
●タバコガ類　66
●カメムシ類　67
●コナジラミ類（トマト黄化葉巻病・すす病）　68

6　台風対策……69
●アーチパイプの補強策　69
●周囲に風よけ　70
●台風通過後の対策　71

第7章　ソバージュ栽培の実際（応用編）

1　直立ネット誘引（岩手）……74
●収穫姿勢がラクな仕立て方法　74
●台風などの強風対策を怠らない　75

2　ハウスソバージュの展開　75

3　ネットの裾上げ仕立て（大分）……76

4　側枝数制限栽培
——「なんちゃってソバージュ栽培」と「きっちりソバージュ栽培」……76
●放任だと真ん中のトマトに手が届かない　76
●なんちゃってソバージュ栽培　77
●きっちりソバージュ栽培　77

5　リビングマルチによるウネ間管理……79
●激しい気象への対応策　79
●経営的なメリット　79
●高温・乾燥・大雨に対応できる　80
●ウネ間の水分をコントロールする役割　80
●緑肥や有効菌などの定着　81

6　農の学校の挑戦（BLOF Academy おおなん）……81
●田んぼ状態の畑で多収　81
●チッソだけでなくミネラルも追肥　82
●1ヵ月以上沼地状態だったが……　82
●さらなる高品質多収栽培が可能　83
●石灰2倍、苦土3倍の設計　84
●微量要素もきちんと施用　85
●チッソとミネラルの追肥　85
●土を乾かさない　86

7　醸成2段仕込み……86
●全滅してもおかしくない状態から見事に復活　86
●土壌分析・施肥設計・施肥　87
●ウネを有機物マルチで覆う　87
●通路の緑肥とク溶性ミネラル　88
●樹勢が弱くても、分析値に基づいた追肥　88
●根まわり環境を改善するための追肥　89
●有機の追肥のねらい　89
●異常気象下でも成果　90

第8章　ソバージュ栽培のレベルアップ

1　放任から半管理放任（側枝数制限栽培）……92
●放任では収穫作業に課題　92
●摘心をして収量・品質を高め、収穫作業を効率化　92
●経営に合わせて側枝数制限を導入する　93

2 ウネ間・通路の管理……93
- 地上部を支える健全な根 93
- ウネの被覆は何がよいか 94
- 被覆資材による地温差は大きい 94
- 「白黒マルチ＋小穴」で地温抑制と透水性確保 95
- 後半の根の健全さを保つ通路の管理 95
- 乾燥を避ける適度な水分の維持 96

3 土つくり……97
- 水田転換畑では 97
- 耕盤のある普通畑では 97
- 栽培期間中、土壌団粒を長く維持する 97
- 堆肥施用による団粒形成 98
- 堆肥を追肥して団粒を維持する 98

4 ミネラルの重要性……98
- 元肥だけの施用では不足してくる 99
- ミネラルによって根酸をつくる光合成を機能させる 99
- ク溶性、水溶性の使い分け 100
- 粒の大きさで肥効が異なる 100
- 石灰は生育を強化し、裂果を抑える 100
- 苦土は植物生理の根幹を支える 101
- 鉄は根の呼吸に関係して活性を高める 101
- とくに注目したい微量要素 102
- 適度な土壌水分が必要 102
- 堆肥との相乗効果 102
- 雨によるミネラルの損失を補う 103
- 葉面散布とかん水で微量要素を切らさない 103

5 酢酸を効果的に使う……104
- 酢酸の効用 104
- 酢酸施用のねらい 104
- 酢酸は高温乾燥耐性を持つ機能性物質 104

6 有用微生物で生育環境を整える……105
- 酵母菌……団粒を形成維持する 105
- 納豆菌……地上部の微生物環境を整える 106

7 液肥などによる植物体の強化と生育促進……106

あとがき 108

本書で掲載した資材の入手先・問い合わせ先一覧 109

第1章

これからがおもしろいトマト栽培

1 生食用の多様化と調理・加工用への期待

●需要が増えるミニトマト

トマトを用途別で分類すると、サラダなどで食べる「生食用トマト」とジュースやケチャップなどの原料になる「加工用（ジュース用・調理用）トマト」に分けられ、さらに生食用トマトは、果実の大きさの違いから、大玉（おおむね150g以上）、中玉（40〜150g）およびミニ（20〜30g）の三つに分類される。

初めは旅客機の機内食用として少量が栽培されていたにすぎなかったミニトマトの栽培は、1980年代前半より盛んにつくられるようになった。最近10年間（2006年から2016年）の作付面積の推移を比べてみると、大玉トマトは93％と7％減少しているのに対して、ミニトマトは133％と大幅に増加している（図1―1）。

また、重量当たりの単価を東京都中央卸売市場の価格（2016年）で見ると、年間を通して大玉より214円から389円ほど高くなっている（図1―2）。

背景には、果実の形や色、大きさなどが多様であり、用途が豊富であるなどの利点があること、大玉トマトに比べて花数が多く、着果性が優れ、果実糖度が比較的高いといった特徴があ

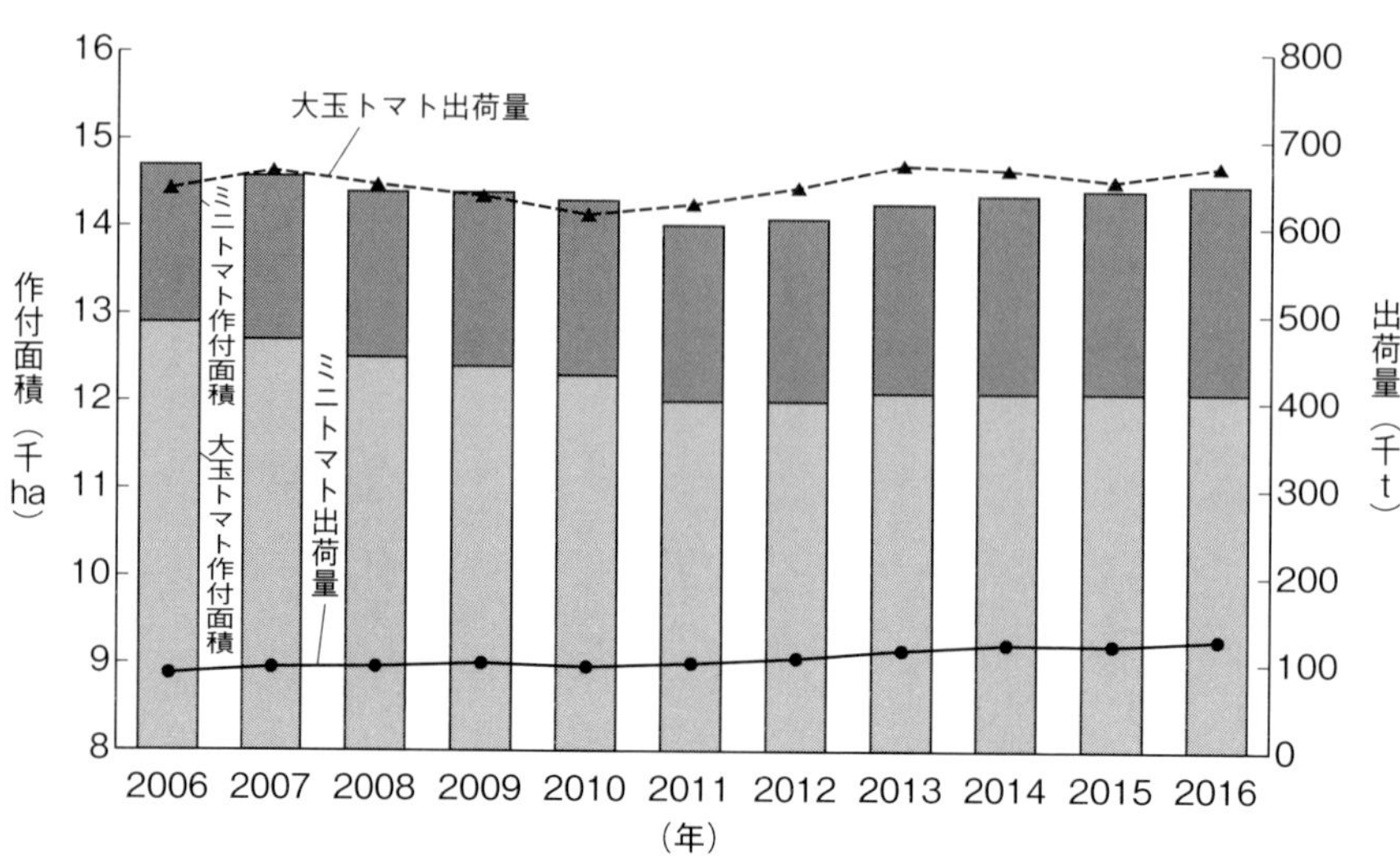

図1―1　大玉トマトとミニトマトの作付面積と出荷量の推移

る。また、日持ち性もよく、食味が優れることから需要が増えている（(独)農畜産業振興機構、2011）。

●調理・加工で健康効果がさらに高まる

ミニトマトは栄養価も高く、大玉トマトと比較して、カリウムは1・7倍、食物繊維は1・4倍、βカロテンは1・7倍と高い（日本食品標準成分表2015年版〈七訂〉）。さらに、トマトの赤い色素のもととなっているリコペンは抗酸化作用が高く、ビタミンEの100倍以上あるといわれている。脂肪肝や血中中性脂肪などを改善する機能性成分も持っているので、太りにくい体質づくりの効果も期待される。老化の抑制や生活習慣病の予防などの健康効果が大きい。しかも、このリコペンの含有量は大玉トマトよりミニトマトのほうが多いことが知られている。

リコペンを摂る場合、生のトマトでは吸収性が劣る。同じ量を食べたとしても、生のトマトより加工・調理したほうが2～3倍もリコペンを吸収しやすい。さらに、リコペンは熱に強く、油で炒めると吸収率が高まる。健康効果の高いリコペンを効率よくたくさん摂るには生のトマトより、ミニトマトの調理品・加工品のほうが優れていることになる。

このような点から、ミニトマトは生食用だけでなく、調理・加工用としての用途の拡大が期待できる。

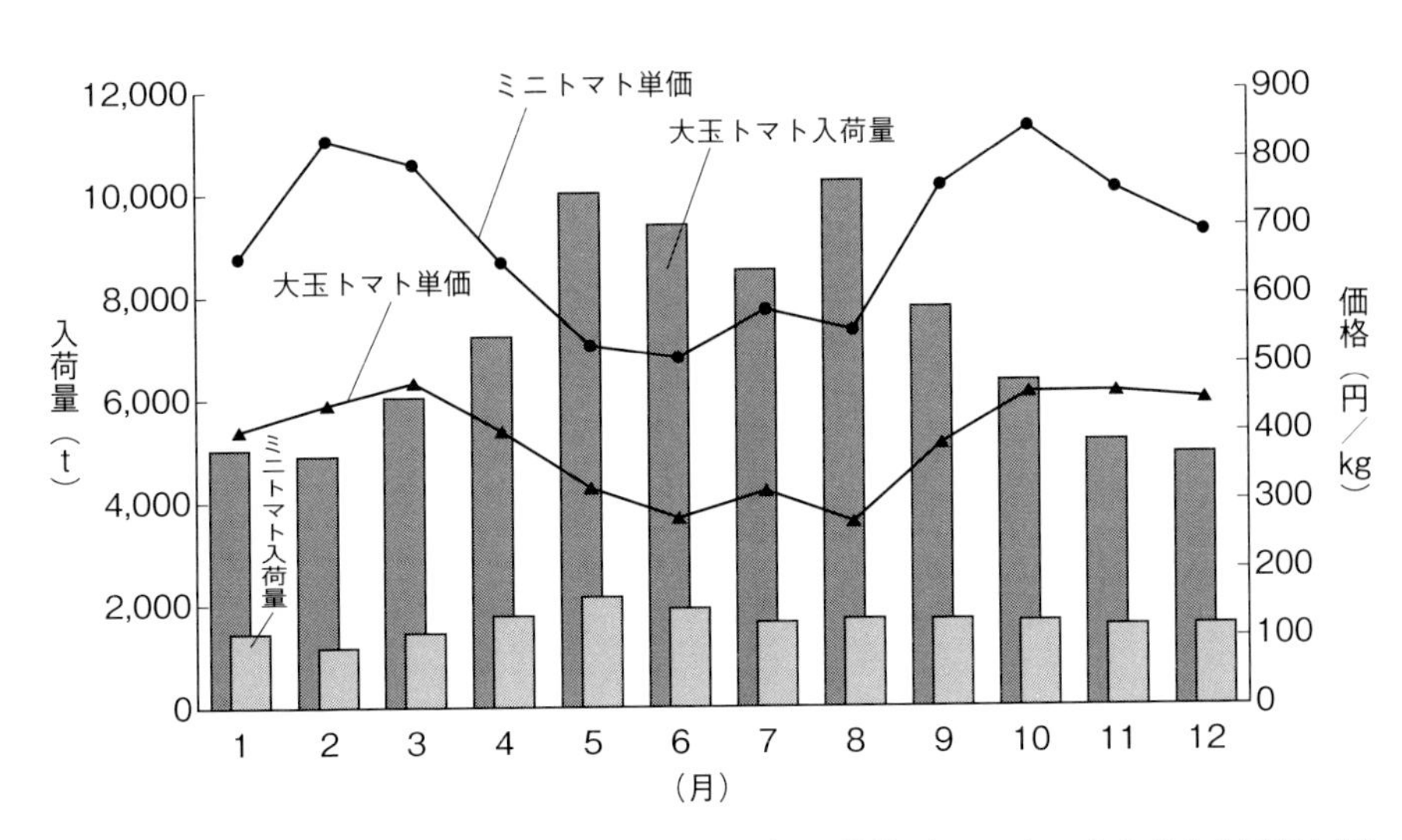

図1—2　大玉トマトとミニトマトの入荷量と単価の推移（2016年、東京都中央卸売市場）

消費量拡大の余地は調理・加工向けトマト

日本でのトマトの年間消費量は一人10kg（２０１６年）程度。世界平均の半分程度である。日本ではおもにトマトは生食で利用されているが、これは特殊な利用のされ方といえる。世界ではおもに熱を加えて調理・加工した形でトマトが利用されている。

先のトマト、とくにミニトマトの健康効果を考えると、生食以外の利用法、つまり調理・加工用のトマトの利用法が根付くことで、トマトの消費量が伸びる余地はありそうに思える。また、そのような品種も多く出てきている。

消費者・実需者に調理・加工用トマトのおいしさ・健康効果をアピールすることで、ミニトマトの可能性が大きく広がっていくのではないか。

2 高単価の夏場以降にターゲット

夏に生産が減少する理由

ミニトマトの夏秋どり栽培の課題は、高温期の草勢（樹勢）低下とそれに伴う減収である。

ミニトマトの生育特性から見ると、夏秋栽培はもっとも生育に適した作型のはずである。定植後、気温・日射量が上昇し、一気に生育を進め、実りの季節（夏）を迎える。しかし、昨今の異常気象の影響で、夏が冷涼な地域に形成された夏秋産地であっても、梅雨明け以降はハウス内が生育適温の上限（30℃）をはるかに超え、40℃に達する日も珍しくなくなった。

このような条件では、高温多湿が苦手なトマトは夏バテして草勢が低下、ガク枯れや落花、着色不良などの障害が起きる。さらに、晴天が続いた後に雨が降れば裂果も多くなる。また、梅雨時の大雨や日照不足などが続くと、梅雨明け前に生育バランスを崩したり、病気になったりしてしまうことも近年、珍しくなくなった。

このように、ミニトマトの生産は、本来は実りの季節である夏場に収量が落ちてしまうことになった。

ミニトマトの価格の値動き

ミニトマトは秋から春にかけて、熊本県産、愛知県産および千葉県産を主体に出荷されており、4〜6月にかけて出荷のピークを迎える。一方、サラダ需要が多い夏場の生産は少なく、北海道産や茨城県産、千葉県産などがおもな産地である（図1―3）。北海道産のミニトマトの生産が減少してくる8月末から、全国的に出荷量が少なくなり、同時に単価も高くなる傾向がある。

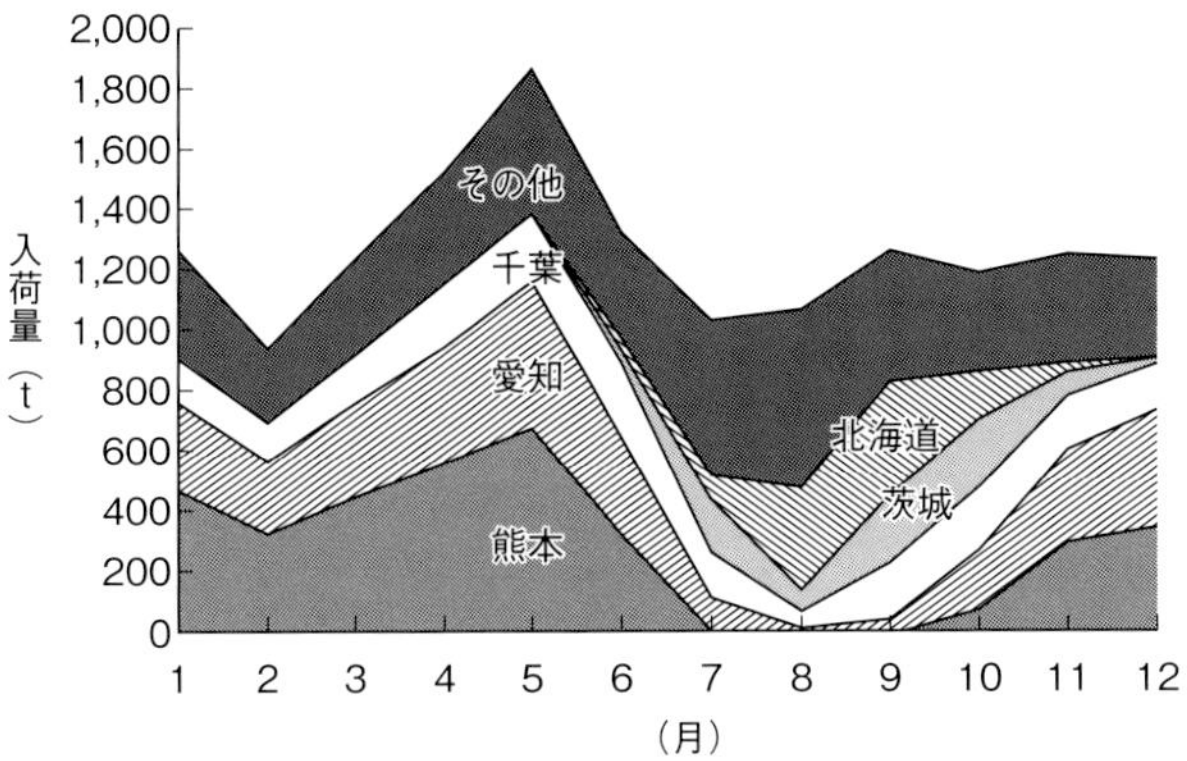

図1―3　東京都中央卸売市場におけるミニトマトの産地別入荷量の推移（2011、資料＝東京青果物情報センター）

2016年の東京都中央卸売市場のミニトマトの単価を見ると、9～11月に高いことがわかる（図1―2）。ということは、この時期にミニトマトを出荷することができれば、高単価が期待できるということになる。

3　課題の克服へ

●調理・加工用に適したトマト品種が必要

日本でのトマトの利用は、これまでは生食が中心だった。そのための大玉トマト、ミニトマトの品種改良が行なわれてきた。しかし、熱を加えたほうが健康効果が大きいこと、さらに調理・加工用途のマーケットが広がる可能性があることを考えると、加工業者やレストラン、飲食店などの実需者に向けてアピールができるような品種が必要になってくる。

●実需者が受け入れられる価格を実現できるか

しかしながら、調味・加工用品種を使って栽培を行なっても、ミニトマトの価格がスーパーなどの店頭価格と同じ程度では実需者にはなかなか受け入れてもらえないだろう。ミニトマトを料理などの調理やジュース、ケチャップなどに加工した場合、商品価格がどうしても高くなってしまうからだ。調味・加工用に生産するなら、実需者や消費者などが購入しやすい価格設定ができなければならない。

そのためには、ある程度の収量を維持したうえで、低コストでミニトマト

図1—4　ミニトマトの着果の様子

を栽培できることが必要になる。

●省力化をはかりたい

ミニトマトを栽培する農家の側からすると、トマトは手間のかかる作物である。

ミニトマトの栽培法は、わき芽（生長して枝となったものは側枝）をすべて取り除く主枝1本仕立て栽培（以下、従来の栽培）が主流であり、葉かきやわき芽かき、芯止め、つる下ろし、斜め誘引などの栽培管理を栽培期間中ずっと続けなければならない。これらの作業に多くの手間がかかる。さらに、暖地や温暖地などでは、夏場の直射日光や高温の影響などにより日焼け果などの生理障害が発生しやすく、従来の栽培による生産が難しい。

また、ミニトマトは大玉トマトに比べると花数がきわめて多く、1花房当たり20～30果、あるいはそれ以上の果実が着生する（図1―4）。

そのため、果実の熟度をそのつど判断し、すべて手作業で収穫しなければならないため、収穫作業に多くの時間がかかる。収穫作業の省力化・軽作業化が大きな課題になっている。

さらに近年、生産者の高齢化や後継者不足などにより、栽培面積が減少する地域が散見されることから、栽培管理の省力化や軽作業化などがはかれる栽培技術の開発が望まれている。

以上のようなミニトマト栽培での課題を克服する栽培法が、これから紹介する「ソバージュ栽培」である。

第2章

ソバージュ栽培の誕生と広がり

1 東日本での広がり

（明治大学・元木 悟）

●ソバージュ栽培の三つの特徴

トマトのソバージュ栽培の特徴は大きく次の3点である。

①生育初期以外、わき芽かきを行なわない

・交配、芯止めは行なわない

②おもに露地で栽培

・基本的にかん水も定植時および追肥時以外不要

③暖地や温暖地などでも寒地や寒冷地などと同様、夏場に収穫できる

このような栽培体系によって、次の3点の利点がある。

①大幅な作業軽減が期待できる

②トマトをつくるためのハウスが必要なく、設備コストがかからない

③新しい作型でトマト栽培が可能になる

ソバージュ栽培は放任に近い栽培のため、収穫期の姿はトマトの森のような状態に見えるのだが、大きな可能性を秘めた栽培法でもある。

●ソバージュ栽培の誕生
――横手市実験農場での発見

私がこのソバージュ栽培を実践したのは長野県の野菜花き試験場に勤めていたときのことだった。当時（2010年）、調理向けのミニトマトの品種を根付かせようとしていたパイオニアエコサイエンス株式会社（以下、パイオニア）東日本事業所の担当者（松永邦則さん）から勧められたことがきっかけだった（図2―1、図2―2）。

担当者の話は次のようなことだった。

秋田県横手市の実験農場（当時、加藤正一農場長）では、加工向きのトマトを探すためにいろいろな品種の試験をしていた。いろいろな仕立て方や栽培方法などを試したが、なかなかうまくいかない。側枝を取って栽培する従来の1本仕立て栽培では、裂果が多く、なかなか軌道に乗らなかった。

パイオニアでは、調理用トマト「シシリアンルージュ」をハウス1本仕立てで栽培することを勧めたが、苗は高価で、かつハウス栽培ということで経費がかかる割に収量が少なく、果実も加工専用の品種に比べて小さく、加工用としては難しいと判断された。

そこで、シシリアンルージュを露地で栽培する検証をした（ハウス建設費が不要であることと、防除回数の削減を見込む）。しかし、裂果が多く見られ、

実用的な栽培とはいえなかった。そのなかで、管理が行き届かずに放任となってしまった株がいくつかあった。意外にも、それらの放任株は、裂果が少なく、また着果数も多いことに気づいたという。

図2―1　秋田県横手市のソバージュ栽培

次年度、前年の放任株同様の栽培をしてみようということになり、株間は1本仕立て栽培の倍（60㎝）に、また、放任株を支えるためにキュウリ支柱を使って取り組んだ（その後、株間はさらに広げることとなった）。

図2―2　横手市のソバージュ栽培の結実の様子

栽培の結果、収量が多く、価格的にも加工用トマト栽培として経営的に見込めるようになったため、「半放任栽培」として市内への普及を進めることとし、独自に加工用トマトの販路開拓にも取り組んだ。

そして２０１０年に、フランス語で「野性的な」という意味の「ソバージュ栽培」と名付けられた。

●ソバージュ栽培との出会い

アスパラガスで長くお付き合いしていたパイオニアの東日本事業所の担当者（松永邦則さん）から、そのソバージュ栽培をやってみないかと勧められ、ソバージュ栽培と名付けられた直後の２０１１年と２０１２年の２年間、実際にその方法で試作してみた。ソバージュ栽培は、ミニトマトの摘心2本仕立て栽培の確立およびミニトマトの夏秋どり栽培における花粉稔性という二つの試験のなかで実施し、秋田県横手市実験農場で実証栽培されたシシリアンルージュを含め、10品種ほどを比較検討した。

パイオニアが所有するミニトマトの品種は、節間がいずれも長く、草丈がほかの品種に比べて伸びるのが特徴である。ハウスで栽培すると、すぐに天井に届くほどの草丈になる。従来の栽培（主枝1本仕立て栽培）では、ほかの品種に比べて、上部になるほど芽かきや収穫などの作業がやりづらくなるという品種の欠点があった。

しかし、そんな品種特性もソバージュ栽培というわき芽をかかないために起きてくる葉の重なりを緩和することにつながった。節間が短い品種だと枝葉が重なりすぎて混み合い、病気になりやすい。同時に、わき芽を伸ばし放題にするため、草丈の伸びが少し抑えられることもわかった。

省力性とトマトの能力を引き出せる栽培法が魅力

何より魅力に感じたのは、ソバージュ栽培の省力性。従来の主枝1本仕立てでは当たり前のように、わき芽かき・交配・誘引・葉かき・かん水が必要だったが、ソバージュ栽培ではわき芽かき・葉かきは生育初期のみで、露地栽培のため交配・かん水はほぼ不要になる。手間のかかるのが当たり前のトマトで省力栽培が可能になる栽培法なのだ。もちろん露地栽培なのでハウスにかかわるコストも軽減される。

そして、もう一つの魅力は、自然に近い栽培方法なので、植物（トマト）の能力を引き出すことができる栽培法だと感じたことだった。トマトの能力を引き出す方法は二つあって、一つがオランダで行なわれているような環境制御という人為的な方法。そしてもう一つがトマトが本来持っている自然の能力そのものを引き出す方法、それがこのソバージュ栽培なのだと感じた。

明治大学を拠点に普及

2012年9月に明治大学（農学部農学科・野菜園芸学研究室）に移り、2013年から大学キャンパス内の栽培圃場で本格的にソバージュ栽培に関する試験研究を開始した（図2—3、図2—4）。

そして栽培1年目の2013年8月5日には、ソバージュ栽培の講習会をその栽培圃場で開いた。明治大学では、キャンパス内の栽培圃場で栽培講習会

図2―3　明治大学での品種試験

やセミナーなどを開くのは初めてのことであり、新栽培法を研究しながら、その場所を使って紹介して普及していくという画期的な試みであった。初めての講習会には、トマト農家の皆さんはもちろん、ソバージュ栽培を実践したのだがうまくできなかった農家の皆さんや、トマト産地のＪＡや流通業者の方など１００人近い方が参加してくださった。

図2―4　明治大学でのソバージュ栽培（8月下旬）

　森のように茂っているソバージュ栽培のトマトに驚いたり、いいトマトがたくさんとれるのかどうか、儲かるのかどうか、シビアに尋ねてきたり、「試食してみておいしいから直売所に出したら売れるんじゃないか」といった反応など、さまざまだった。

　実際に育てているのが研究室の学生たち（当時は学部3年生の女性２名）なので、学生たちへの質問も多かった。学生たちもトマトにかかりっきりになっているわけではなく、「普通に授業に出て勉強していても、案外とれる」と感想を話していた。

　大学キャンパス内の栽培圃場では、翌年の２０１４年に「新世代ファーマー育成講座」、続いて２０１５年に「新世代アグリイノベーター育成講座」、さらに２０１６年に「新世代アグリチャレンジャー育成講座」を開催した。ソバージュ栽培への関心も高まってきたのか、毎年２５０～３５０人ほどの参加者が集まった。明治大学では、研究発表だけでなく、栽培技術から販売、流通と、さまざまなテーマで毎年、講習会やセミナーなどを開催している。そのうち、ソバージュ栽培の講座は、毎年盛夏期に開催してきた。

その前後にも、ソバージュ栽培が岩手県の東日本大震災復興支援事業で取り上げられ、明治大学ではそのプロジェクトに試験協力した。そのほか、秋田県や岩手県、山形県、宮城県など、東北各地での講習会やセミナーなどに研究室の学生たちと参加してソバージュ栽培の普及に努めてきた。東日本では、パイオニア東日本事業所の担当者(松永邦則さん)が行政やJAなどを中心に、パイオニアのトマト品種によるソバージュ栽培を勧めてきたため、講習会やセミナーなどには、農家の皆さんはもちろんのこと、JAの技術員や都道府県の試験場職員および普及員、市町村の職員の皆さんなども多く参加されている。ソバージュ栽培のよさを知ってもらい、技術者や行政などの手を借りてソバージュ栽培を普及していくという作戦である。

また、東日本各地だけでなく、西日本の大分県や佐賀県、島根県、広島県、兵庫県、京都府などでも、パイオニアの西日本事業所の担当者(永田 裕さん)が中心になって、講習会やセミナーなどを開き、私も研究室の学生たちとともに参加して、ソバージュ栽培の普及に努めてきた。

●黄化葉巻病への対応

当時、トマト農家の関心として大きかったのは、シルバーリーフコナジラミが媒介する黄化葉巻病だった。全国に広がり始めており、夏にはトマトはできない、無理という考えもあった。トマトの産地ではソバージュ栽培は難しいが、夏でも家庭菜園でつくっている方もいるわけで、その延長として考えることはできるのではないかということを講習会やセミナーなどで参加者に伝えた(ただし、トマト産地や黄化葉巻病が問題になっている地域などではソバージュ栽培をお勧めしていない)。

なお、栃木県宇都宮市にあるパイオニアの試験圃場では、露地栽培=ソバージュ栽培で「黄化葉巻病に本当に罹病(りびょう)するのか」を確認するための試験をしている。そこから得た注意点は三つあって、一つめは「産地のハウスの近くでは栽培しない」こと、二つめは媒介昆虫であるシルバーリーフコナジラミがとどまらないように「風通しのよい場所を選ぶ」こと、三つめは「株間とウネ間を広くとる」こと。これらの三つの注意点を踏まえることで、関東以南の暖地や温暖地などでの普及の可能性を立証したという。

ソバージュ栽培に適した品種の苗の単価は少し高いものの、使う苗の数が従来の主枝1本仕立て栽培の4分の1から5分の1ですむので、コスト的には1本がダメになってもなんとかなるだろうという考えもある。

2014年にソバージュ栽培の生産現場の圃場巡回で黄化葉巻病を見つけたが、ソバージュ栽培では病気になっている株を抜いても、隣の株の側枝を使って空間を埋めることができるので、収量の減少をある程度、食い止めることができると感じている。

2 ソバージュ栽培成功のための二つのポイント

東日本各地で開催したセミナーの感想やソバージュ栽培の生産現場の圃場巡回などを通して、ソバージュ栽培のポイントになることが二つあると感じている。

●畑の排水性

一つめのポイントは畑の排水性をよくすること。

東日本でソバージュ栽培を導入している地域では、水田転換畑で栽培しているところが圧倒的に多い。水田転換畑はそもそも排水が悪いということではなく、畑にするときにどのようにしたか、ということがソバージュ栽培の成果にかかわってくる。暗渠（あんきょ）を入れるなどして排水性を高めて畑にしたのか、少し盛り土をした程度で畑にしたのか、という違いが大きい（図2—5）。

暗渠を入れて畑にしたところでは、大雨でもある程度排水ができる。ソバージュ栽培は根が広く強く張るので、水がたまるような状態でも持ちこたえることができる。しかも干ばつ時には、用水の水を入れて対応することもできる。大雨にも干ばつにも対応できる畑にしておくことで安定した生産

図2—5　水田転換畑でのソバージュ栽培（秋田県横手市）
暗渠を入れているところもあれば、少し盛り土をした程度のところもある

が可能になる。

しかし、少し盛り土をしたような畑では、干ばつには対応できても、大雨のときには冠水することもある。仮に根の力に助けられて枯れることはなく持ちこたえても、水っぽく、おいしくないトマトになってしまう。

●初期生育をよくする

二つめのポイントは初期生育をよくすること。

夏までに、アーチパイプの屋根の部分を伸びてきた枝葉で覆ってしまうようにしておきたい。屋根の部分に茎葉がないと、夏の強い日差しがアーチパイプの内側に差し込み、日焼け果が発生し、果皮が硬くなって、その後の肥大、吸水によって裂果が多く出てしまうからだ。東日本では生育初期の温度が低く、夏までの期間が短い。初期生育をよくして、早い時期にアーチパイプの屋根の部分まで茎葉を伸ばすことが大切なのだ。そのために、場所によっては、定植期にホットキャップで苗を覆うとか、マルチをして地温を十分に確保してから定植するなど、初期生育を促す手立てが大切になる。

3 難しいと思われた西日本での広がり

（パイオニアエコサイエンス・西日本事業所 永田 裕）

2010年に栽培技術の基本的な仕組みができあがり、「ソバージュ栽培」という名前もつけられた。パイオニアの調理用トマト品種でソバージュ栽培を広げていこうということになったのだが、西日本担当である私（永田 裕）はあまり乗り気ではなかった。というのも、「露地でトマトをつくったら雨に打たれて割れる」という常識があった。ましてや東日本に比べて西日本は暑さや雨の激しさが違う。1日に100㎜も雨が降る地域も多く、トマトの裂果はとても抑えきれない、結局病気にかかって終わる、というのが相場だと思ったからだ。

●ハウスの収量に匹敵するソバージュ栽培 各地の農家の実践

ソバージュ栽培について、私に意識変革をもたらしてくれたのは、取り入れてくれた農家の実践だった。

▼コストダウンが課題だった

ちょうどその頃、6次産業化のブームもあって、全国各地でシシリアンルージュで加工品をつくっていた。確かにハウスでいいものができていたのだが、加工品として販売すると、どうしても売値が高くなってしまう。また、調理用トマトとしてレストランなどの実需者に使ってもらうためには、生食用のトマトの価格では厳しい。加工品としても、実需者向けの調理用トマトとしても、コストダウンが大きな課題だった。

図2―6　大分県玖珠町のソバージュ栽培
5月中旬定植、7月下旬～10月下旬収穫。雨の多い九州で10a当たり換算で6t以上の収穫

▼大分県玖珠町での挑戦

２０１２年、大分県玖珠町の農家（白石俊春さん）がソバージュ栽培の逆U字型のアーチ支柱の上にビニールをかぶせて雨よけのようにして栽培したところ、予想していたよりも割れずに収量があった（品種は「サンマルツァーノリゼルバ」）。

　白石さんの栽培状況を見て、ひょっとしたらうまくいく可能性があるのではと考えた。ちょうど福岡県でシシリアンルージュをトマトジュースに加工して販売している青果業者さんがいたので、そこと組んで、白石さんの友人たちに声をかけて、シシリアンルージュをソバージュ栽培でつくってもらった。するとそのなかの一人（秋吉秀規さん）が、８月から10月までの収穫期間で、１株で約13kgの収量をあげた。10ａ当たりにすると６・５ｔ。同じシシリアンルージュを熊本県の阿蘇でハウス栽培をしている農家でも１シーズンで６～７ｔの収量だから、露地のソバージュ栽培はハウスと遜色ない収量をあげたことになる。しかも露地での栽培なので、ハウスにかかるさまざまなコストがまるまる浮くことになる。ハウスと同等の収量で、コストダウンができる。調理用トマトの課題が解決しているではないか（図２―６）。

▼島根県邑南町でハウス超えの多収

　さらに、２０１４年、島根県邑南町の元木雅人さんがご自身で実践されている有機栽培技術に基づいてソバージュ栽培を実践したところ、「ロッソナポリタン」で1株15kgの収量をあげた。作付株数は30株で、10a当たり500株だと7・5tという収量になる。シシリアンルージュより収量性の低いロッソナポリタンでの成果なのだ。しかもこの年は7月、8月と雨が多く、畑には水がたまりっぱなしだったのに、ハウスに勝る収量をあげたのだ（図2―7、81ページ参照）。

図2―7　島根県邑南町のソバージュ栽培
品種はロッソナポリタン

各地でイベント・セミナーを開催

ソバージュ栽培に可能性を感じたので、より積極的に広めようとして、いろいろなイベントを仕掛けた。

2014年、神戸で収穫体験などの集客イベントをしていた「キャルファーム神戸」の大西雅彦さんに相談、3月に現地で栽培されていた弊社の調理用トマトやカラフルなミニトマトなどを見てもらうイベント「畑DEマウロの地中海トマト」でソバージュ栽培について、来られたお客さんに説明をさせてもらった。このときは関西や中国四国地方などから2日間で120人ほどのお客さんが見えて、私は10回ほどソバージュ栽培について話をさせてもらった。

ここでおもしろいと感じた農家が次々とソバージュ栽培を始めてくれた。その後、神戸だけではなく西日本各地で説明会を開催して取り組む農家が増えていった。パイオニアのトマト品種は個性の強い品種が多いので、新しいものを探したい、差別化をはかりたい、そういう人が来てくれた。そして、新規就農したが、ハウスを建てる資金はない。しかし、トマトはつくりたい、という人は多い。そんな人たちにとってソバージュ栽培は魅力があった。

2014年の秋には、やはり大西さんのところで大反省会を企画。パイオニアのトマト品種の現地検討会も組み込んでのイベントにした。このときも30～40人が集まった。

●フェイスブックの活用

2015年の春、情報交換の場として「トマトのソバージュ栽培を考える会」というグループをフェイスブックで立ち上げた。できるだけオープンにして、グループで立ち上げ前からソバージュ栽培をしている人、その人の友人、……というように輪が広がっていった。

当時、画期的だと思ったのは、フェイスブック上で、「こういう問題が起きて困っている」というような投稿があると、管理人である私より先に実際に取り組まれている農家さんが回答することだ。また、販売方法で、こんなパッケージでこんな売り方をしている、というような投稿もあり、私自身も大いに勉強させていただいた。

2015年春には兵庫県明石市の公民館を会場に、ソバージュ栽培の説明会を開いたところ100人近くの参加者があった。このときも、告知をフェイスブック上で行なっており、それを見て参加した人が多かった。

この頃から現在まで、現地検討会やセミナーなどを各地で開催し、フェイスブック上で告知したり、開催の様子を伝えたりして、情報の共有をはかってきた。当初100人ほどだった会員は、現在では1400人を超えるまでになり、活発な情報発信、情報交換を行なっている。

さらに、2015年から2017年の11月には神戸で「ソバージュ栽培を使って誰が一番おもしろい取り組みをしたかを決めるコンテスト「King of Sauvage」(キングオブ ソバージュ)を開催してきた。

2018年は台風や大雨などで各地に被害が出たので、コンテストはやめて、11月に勉強会を開いた。2019年にもコンテストを開いている。

4 ソバージュ栽培の生理——尻腐れ・裂果が少ない理由

以上のように、暑さや雨の激しさなどからトマトの露地栽培は無理と考えられていた西日本でソバージュ栽培が広がってきたのは、コストのかかるハウスが不要で、ハウスに負けない多収穫の実績が積み重ねられてきたからだが、露地栽培で大きな障害となるはずの尻腐れ果や裂果などが、予想以上に少なかったことも大きな理由の一つだ。なぜ、ソバージュ栽培では、これらの症状が軽減されるのか、その理由を考えてみよう(以下の尻腐れ果・裂

果については小川 光著『トマト・メロンの自然流栽培』（農文協）から多くの示唆を得ています）。

●尻腐れ果が少ない

▼広く深く張る根がカルシウムを吸収

ソバージュ栽培ではわき芽をかかないで放任に近い栽培をするため、光合成器官である葉の枚数（面積）は、主枝1本仕立て栽培の数倍になる。葉面積が大きくなるため光合成でつくられる炭水化物の量も多くなる。その炭水化物を根にも送り込むため、ソバージュ栽培では根が深く広く伸び、土の深いところや、株元から離れたところなどにある養水分も吸収できるようになる。単に根の分布が広がるだけでなく、根酸の量も多くなってカルシウムの吸収も多くなる。尻腐れ果はカルシウム欠乏も原因の一つなので、カルシウムの吸収力が大きいことは、尻腐れ果が少ない理由の一つになる（図2―8）。

▼尻腐れ果はチッソとカルシウムのバランスの崩れから

同時に、根（供給元＝ソース）から吸い上げたチッソの受取先（＝シンク）は、最大のものが果実（とくに種子）、それから根や生長点など、光合成をしないか、生長が盛んな場所といわれている。チッソはカルシウムより植物体内での移動が早く、すぐにこうしたところへ到達する。対して、カルシウムは移動が遅く、一度組織に取り込まれると、ほかへ移動しにくい。すると着果した果実には先にチッソが多くなり、遅れてカルシウムが移動してくる。こうしてチッソが多くカルシウムが少ない状態が続くと尻腐れ果が発生する。このように、尻腐れは果実のカルシウムとチッソのバランスが崩れ、チッソが過剰になると発生する。

▼生長点・幼果がチッソを引き寄せバランスを保つ

主枝1本仕立て栽培では、一段果房を収穫すると、次の果房がシンクとなって吸収したチッソが集中的に運び込まれる。カルシウムは移動が遅いため、果実のチッソとカルシウムのバランスの針が、チッソのほうへ振れやすく、そのため尻腐れが発生しやすい。

対してソバージュ栽培は、多本仕立てで、生長点や、それ以上に多い幼果が強力なシンクとなってチッソを引き寄せるため、先に着果した果実内でのチッソ濃度を適切に保つ効果がある。そのためチッソとカルシウムのバランスが保たれ、尻腐れが発生しにくくなる。

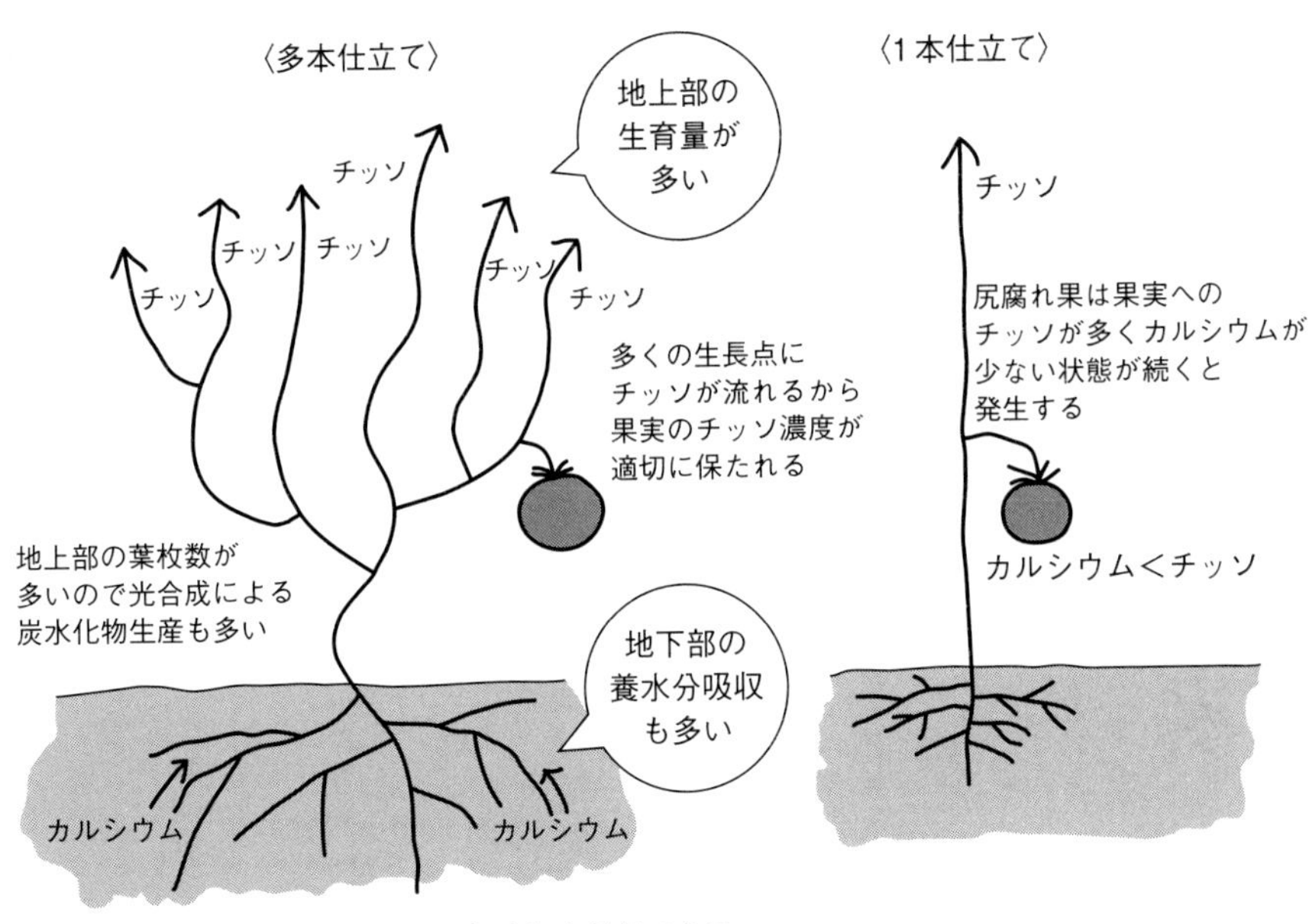

図2—8　多本仕立てで尻腐れ果が少ない仕組み

●裂果が少ない

▼裂果になる要因

トマトの裂果は、気象的には晴れの日が続いた後の降雨に伴うことが多い。

雨よけやハウスなどでは雨を防ぐことで裂果を防ごうとしている。それでも湿度や土壌水分などの増加によって、裂果が起きることもある。露地栽培では晴れや雨などが、トマトに直接影響するので、裂果は避けがたいように思われる。

また、果実に直射日光が当たることも裂果の要因の一つである。直射日光によって果実の温度は40℃近くにもなり、日焼け果を生じ、果皮が硬くなる。そこへ降雨などによって水が供給され、吸収した水分によって果実が膨らみ、果皮が裂けることで裂果が生じ

図2—9　日焼けによる裂果

図2—10　リーフカバー

る（図2—9）。

▼たくさんの葉が日傘になる

ソバージュ栽培は露地栽培なのに、裂果は予想以上に少ない。

わき芽をかかないから地上部はジャングルのようになってしまう。だがこのジャングルのように茂った葉によって葉陰ができ、リーフカバーとなって直射日光から果実を守る日傘となってくれる。葉で果実を覆い、葉からの蒸散による気化熱を利用して、群落内の気温を下げることができる。しっかり蒸散を行なっている葉の温度は気温より2～3℃低く、しおれているような葉は逆に2～3℃高くなることが知られている。

ソバージュ栽培では、リーフカバーのおかげで直射日光を遮り、日焼け果にもなりにくく、裂果を抑えることができる（図2—10）。

▼リコペンの生成を高め、着色不良を解消

直射日光によって果実温度が上がることで、トマトの機能性成分として注目されているリコペンの生成に影響を与え、着色不良（グリーンショルダーなど）が起こりやすくなる。

リコペンの生成適温は12～32℃、最適温度は20～25℃といわれている。ソバージュ栽培では、リーフカバーによって果実やトマト周辺などの気温を低く抑えることができ、果実の温度がリコペンの生成適温の範囲内に収まることで、リコペンの含有量が多くなることが期待できる。実際、明治大学の研究によると、ソバージュ栽培では、主枝1本仕立て栽培のトマトに比べてリコペン含量が同等か多くなることが確認されている（36ページ図3—3参照）。

▼細胞を強化する カルシウムの吸収が多い

さらに、尻腐れ果の発生のところでも指摘したように、ソバージュ栽培では根が広く深く張り、カルシウムも多く吸収される。果皮などの細胞を強化する働きがあるカルシウムが十分に吸収されることは、裂果を抑えるうえでも効果が高いと考えられる。

●三つのバランスを考える

野菜づくり全般に当てはまることだが、とくにトマト栽培では三つのバランスを考えていくことが大切だと考えている。それは「チッソとカルシウム」、「地上部と地下部（Ｔ／Ｒ比）」、「シンクとソース」という三つのバランスを保つことが大切なのだが、三つともバランスがとりやすいのがソバージュ栽培なのだ。

▼チッソとカルシウムのバランス

先に尻腐れ果のところでふれたように、吸収したチッソは素早くトマトの生長点や果実などへ送り込まれる。一方のカルシウムは、吸収するうえでも根の力が必要な養分だが、吸収されても移動が遅く、一度組織に取り込まれると、ほかへ移動しにくい。

トマト果実でチッソとカルシウムのバランスが崩れて、チッソの側に針が振れるとカルシウム欠乏としての尻腐れ果が発生する。ソバージュ栽培では側枝が多く発生し、さらに幼果が多く着生しているために、チッソはそちらに強く引っ張られることになり、果実内のチッソ量を緩和してくれる。そのおかげでチッソとカルシウムのバランスが保たれ、尻腐れ果の発生を抑えることになる。

また、チッソが多いと軟弱な生育になり、病虫害にあいやすくなる。一方、カルシウムは組織を強固にする働きがある。チッソとカルシウムのバランスがチッソ側に傾くと病虫害を受けやすくなり、カルシウムの側に傾くと組織を強固にする（病虫害に対する抵抗性を高める）。

ソバージュ栽培の根は広く深く張り、カルシウムを吸収する力も強い。チッソとカルシウムのバランスをとりやすいといえる。

▼地上部と地下部のバランス

地上部と地下部（根）のバランスは、Ｔ／Ｒ比とも呼ばれる。ＴはＴｏｐ、ＲはＲｏｏｔの略だ。

地上部の茎葉が大きくなり、地下部の根が十分張っていないような状態では、根から十分な養水分を吸収できないから、生育は軟弱になってしまう。逆に地下部の根張りがよくても、地上部の生育がいじけたような状態では、生産量は減少してしまう。

一般的には、地上部と地下部は同じように生長するのだが、何かの要因でどちらかの生長が阻害されてバランスが崩れると、トマトの生産そのものに支障が出ることになる。

ソバージュ栽培では多本仕立てでトマトのジャングルのようになり、葉枚数が多く、葉面積が大きくなるので光合成による炭水化物生産も多い。その炭水化物を使って根は広く深く張る。その根から養水分を吸収して、地上部の繁茂に使っている。地上部と地下部のバランスを保ちやすい栽培方法なのだ。

▼シンクとソースのバランス

植物個体の器官のなかで、養分の供給元をソース、受取先をシンクという。炭水化物の場合は、ソースは光合成によって炭水化物をつくっている葉で、その炭水化物を受け取っている生長点や果実（種子）、根などがシンクということになる。もっとも、新芽が生長しているときはシンクだが、生長してしっかり光合成ができるようになればソースになる。

ソースである葉が少ない（光合成産物が少ない）のに、シンクである果実をいっぱいつけてしまえば、果実の数は多くても大きくならないし、樹勢そのものも弱くなってしまう。ソースの葉は十分あるのに、シンクの果実の大部分を摘果してしまったら、残った果実は充実するかもしれないけれど、収量は少なくなってしまう。

このように光合成で生産した炭水化物をどの器官にどのくらい分配していくかということが、シンクとソースのバランスということになる。どちらかに傾いても、あまりよい結果は得られないことになる。

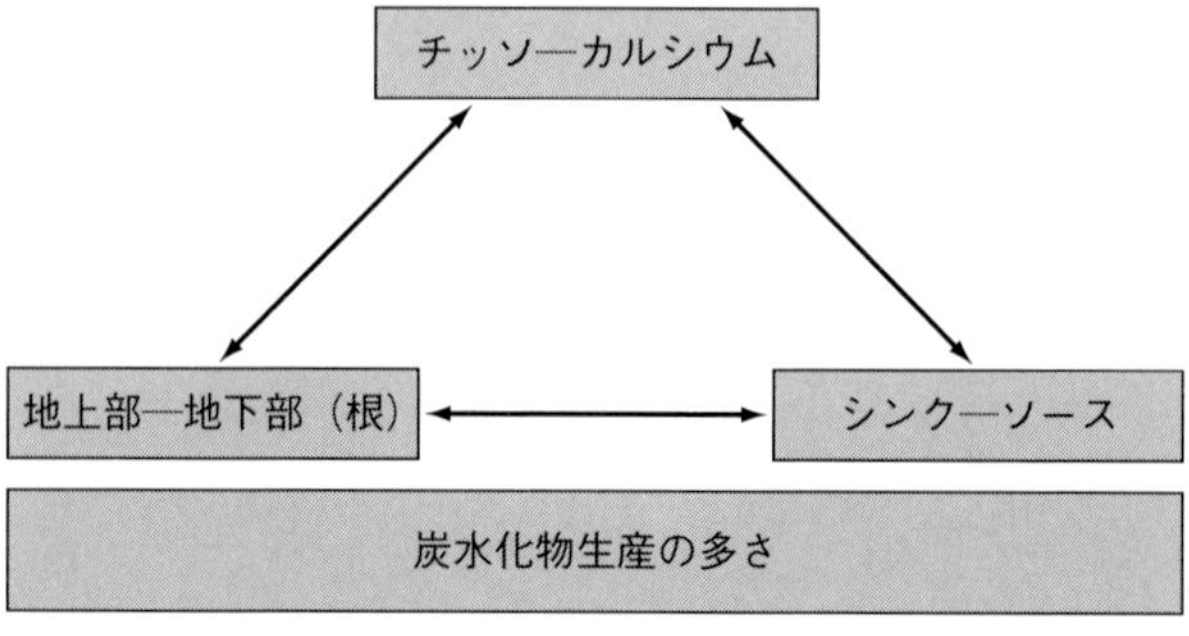

チッソ―カルシウム

地上部―地下部（根）

シンク―ソース

炭水化物生産の多さ

図2―11　三つのバランスは関係しあい、炭水化物生産がそれらの土台となっている

ソースでつくられた炭水化物をシンクである生長点や果実（種子）、根などに分配していくときに問題になるのが、炭水化物の量である。ソバージュ栽培では、多本仕立てで葉面積が大きく、その分、光合成による炭水化物生

産が多いので、分配の仕方に余裕が出ることになる。

▼三つのバランスは関連しあっている

「チッソとカルシウム」、「地上部と地下部（根）」、「シンクとソース」という三つのバランスは相互に関連しあっている（図2—11）。

「チッソとカルシウム」はそれぞれのシンクである生長点や幼果が多いことによってバランスを保っている。炭水化物のソースである葉が多くを占めている地上部が、「チッソとカルシウム」を吸収している地下部の根とバランスを保っている、というように。

このように考えてくると、2組の三つのバランス、計六つの要素はそれぞれが相互に関連しあっていることになる。

とくに、ソースである葉による炭水化物生産の多さが、これら六つの要素の土台となっている。ソバージュ栽培は多本仕立てで葉面積が大きく光合成による炭水化物生産が多いことで、シンクである根が広く深く伸び、地下部を大きくし、カルシウムもよく吸収する。そして生長点や幼果、根などといったソースへの分配にも、量に余裕があるので、各器官をバランスよく充実させることができる。

第3章

ソバージュ栽培の特徴

ソバージュ栽培の実際の説明に入る前に、ソバージュ栽培の特徴について、まとめておく。

1 栽培管理の手間がかからない

従来の栽培で行なう作業は、トマトの生育に応じてわき芽かきや交配、誘引、葉かき、かん水などに手間がかかる。しかし、ソバージュ栽培では、わき芽をほとんど取り除かないので、わき芽かきや葉かきなどは初期だけ、誘引などの作業もほとんど行なわない。側枝が下に垂れ下がらないようにネットにテープナーで留めたり、マイカ線で引き上げたりするくらいである。少しの風や、どこからかやってきた虫が受粉の手伝いをしてくれるので、交配も自然任せだ。収穫作業は手間はかかるものの、そのほかの作業は従来の栽培に比べてほとんど手がかからない。手間と時間がかかるミニトマト栽培の大きな問題が、ソバージュ栽培によって解消されつつある。

2 おもな設備はアーチパイプとネットとマルチ

ソバージュ栽培は露地で育てるのでハウスの設備は必要ない。基本的な資材は、アーチパイプとそれをつなぐ直管パイプ、キュウリネット、ウネに敷くマルチである。アーチパイプと直管パイプ、キュウリネットはトマトを誘引するために、マルチは低温時には保温、梅雨時には湿害防止、高温乾燥時には乾燥防止、さらに雑草対策のために必要となる（図3―1）。

ほかには側枝をネットに這わせるテープナーやマイカ線などがあればよい。ハウスに比べると非常に安上がりな栽培法なのである。

図3―1　必要な資材はアーチパイプなど

3 株間・条間をゆったりとる

ソバージュ栽培ではアーチパイプを高さ・幅ともに2m程度にとり、これを約2m間隔に並べて立て、直管パイプでつなぎ、全体にネットをかけてトマトの側枝を誘引する。

初期のわき芽だけ摘んで、その後の側枝は伸ばしてネットの上を放射状に広がるようにする。このような仕立てにするため、従来の栽培より株同士の間隔を大きく広げなければならない。

10a当たりの株数は、従来の主枝1本仕立て栽培では1600～2500株程度だが、ソバージュ栽培では株間80cm～1m、条間2mの栽植密度で450～550株程度と4分の1から5分の1程度ですむ。

4 干ばつや多雨などの天候の影響を受けにくい

ソバージュ栽培では側枝が放射状にネットに沿って伸びていく。根の張りは地上部のこうした生育と比例するため、ソバージュ栽培の根は広く、深く、強く張る。明治大学の試験でも根の張りは従来の栽培の3倍ほどになっている。

このように根が広く、深く伸びることで、干ばつや多少の雨、日照による地温の上昇など、天候の影響を受けにくくなる。

5 裂果・日焼け果・尻腐れ果が少ない

盛夏期のトマト栽培では、裂果と日焼け果が問題となる。ソバージュ栽培では茎葉が大きく繁茂して、葉陰（リーフカバー）ができ、それが日焼け果の発生を軽減してくれる。日焼けによっ

図3―2　リーフカバーによって裂果を少なくすることができる

て果皮が硬くなり、吸水すると果皮が裂けて裂果となるが、リーフカバーによって日焼け果を防ぐことで裂果を少なくすることができる（図3―2）。

さらに、ソバージュ栽培では根が広く深く張っているため、土壌中の広い範囲から栄養分を吸収できる。また根も強いので、カルシウムの吸収も多くなる。カルシウム欠乏が要因の一つである尻腐れ果の発生を抑えることができる。

6 病害の発生が少ないので減農薬につながる

ハウスの従来の栽培では風通しが悪いために、湿度が高くなりがちで、病気の発生が多くなる。わき芽かきや葉かきなどを行なうのは、側枝や葉などによる過湿を防ぐためでもある。ソバージュ栽培は露地なので、風が通りやすく、過湿にはなりにくい。ただし、株元はわき芽が密生しがちなのでに、株元のわき芽は時期が来たら早めにかいて風通しをよくする。

7 機能性成分のリコペンの含量が増える

糖度とリコペン含量を計測したところ、糖度は従来の栽培がソバージュ栽培に比べて若干上回るものの、リコペン含量はソバージュ栽培が従来の栽培と同等か高い傾向であった（図3―3）。

これは繁茂している茎葉のリーフカバーで果実の温度が高くなるのを防いでいることと、さらに、たくさんの葉

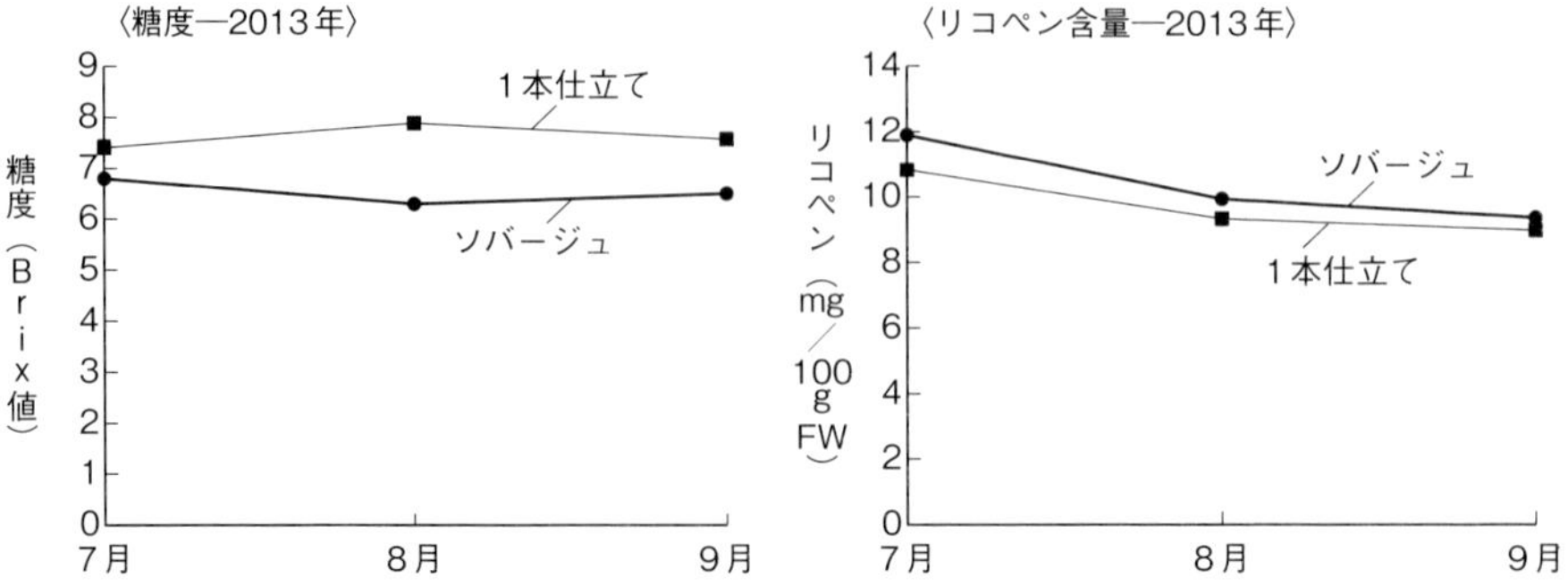

図3―3 ソバージュ栽培と従来の栽培（1本仕立て）の糖度とリコペン含量
（北條ら、2017）
品種：ロッソナポリタン

からの蒸散による気化熱によってトマト周辺の温度が、リコペン生成の適温内（リコペン生成の温度帯は12～32℃、適温は20～25℃）に収まっていることが考えられる。

8 収益性に優れた栽培法

●疎植でも従来の栽培と同等の収量

明治大学では、岩手県農業研究センターや県立広島大学などとの共同研究で、ミニトマトの露地夏秋どりの新栽培法であるソバージュ栽培の栽培体系の確立を目指し、品種特性が異なるミニトマト2品種を用い、ソバージュ栽培と従来の栽培の二つの方法で栽培しながら、収量や品質、生育などの比較を行なってきた。

その結果、ソバージュ栽培は株当たりの総収量および可販果収量が従来の栽培に比べて多く、単位面積当たりでも、ソバージュ栽培は株数が従来の栽培に比べて5分の1から4分の1程度であるにもかかわらず、従来の栽培と同等の収量が見込めることが明らかになった（図3－4）。

●一般的なハウス栽培と同等以上の収量も

さらに、明治大学生田キャンパス（神奈川県川崎市）で得られた、ソバージュ栽培の露地夏秋どり栽培の収量データと、同じ神奈川県におけるハウス栽培の夏秋どりミニトマトの収量データ過去5ヵ年（２００９～２０１３年）の平均値を比較した。すると、神奈川県における10a当たりの平均収量は２２３０kgであり、明治大学のソバージュ栽培では2品種ともに10a当たりの可販果収量が2.5～5t程度見込めたことから（北條ら、２０１７／元木、２０１６／元木ら、２０１７）、ソバージュ栽培の露地夏秋どり栽培においても、一般的なハウス栽培の夏秋どりミニトマトと同等以上の収量が期待できると考えられた。

●同等以上の収量を低コストで実現できる

ミニトマトは前述のとおり、晩夏～秋における市場入荷量が全国的に少ないことから、夏場以降の市場価格の高い時期に出荷できることは、生産者の売上を多くすることにつながる。

ソバージュ栽培は従来の栽培と同等以上の反収を得られるうえに、ハウス

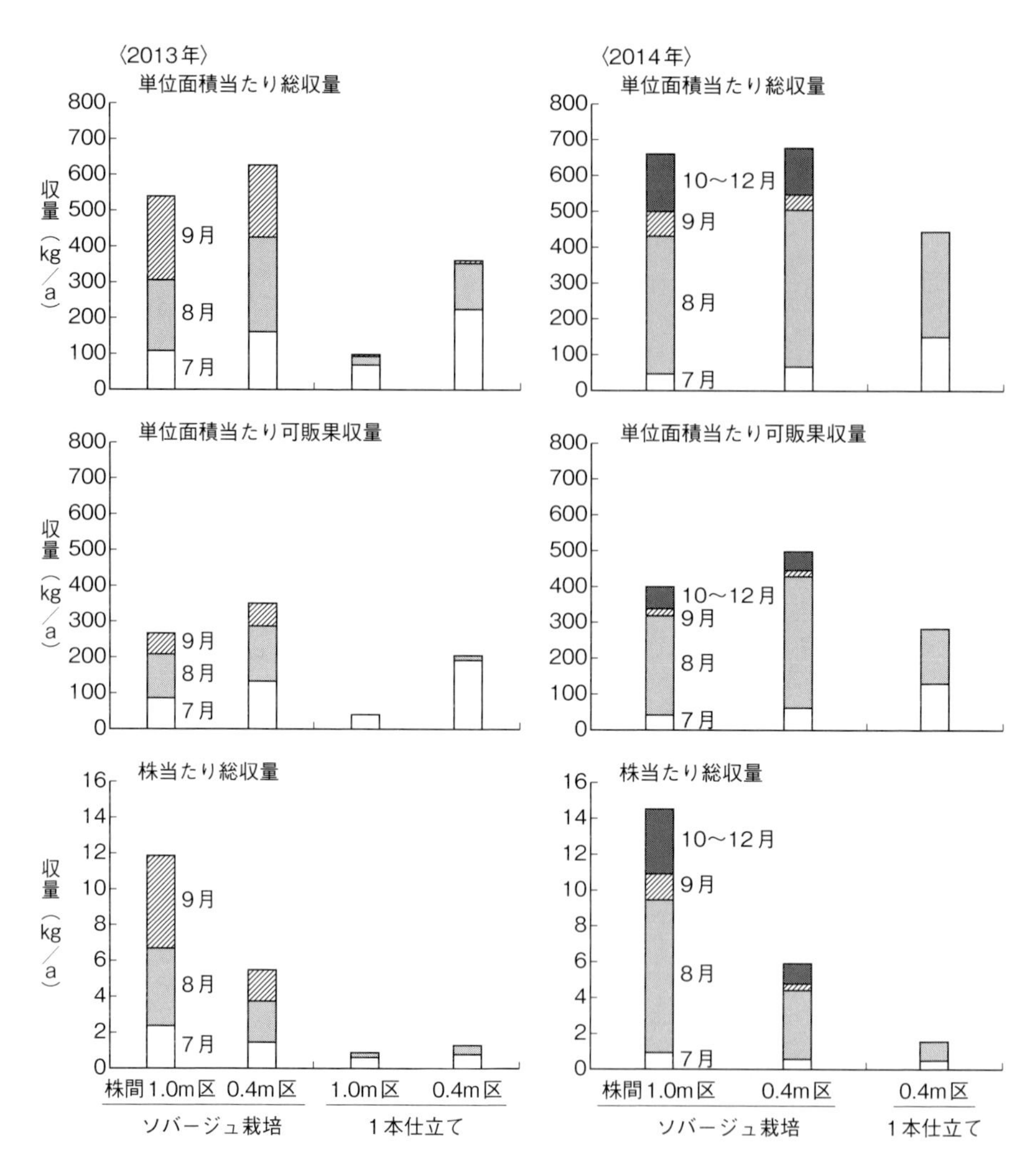

図3—4　ソバージュ栽培は1本仕立てと同等以上の収量が見込める

（北條ら、2017／元木、2016）

株間は1.0mより0.4mのほうが単位面積当たりの総収量と可販果収量が多くなったが、単価の高い9月以降の収量が多いのは1.0m

の設備費などのコストも抑えられる。

このようなことから、従来の栽培と同等以上の反収、価格の高い時期の出荷、低コストのソバージュ栽培は収益性にも優れた栽培法だといえる。

第4章

ソバージュ栽培のポイント

前章のような特徴を持つソバージュ栽培が成功するポイントをまとめておく。

1 葉の力を最大限に生かす

●葉面積が大きく光合成が盛ん

ソバージュ栽培では生育初期以外、わき芽をかかないで育てる。そのため、収穫時期に入れば、葉が繁茂してジャングルのようになる。葉の枚数、葉面積が大きくなり、光合成でつくられる炭水化物の量も多くなる。炭水化物はトマトの生長を支えるもっとも重要な物質であり、樹体を形成し、生長するためのエネルギーの源でもある。

トマトの光合成能力を高めるには、一つには葉の枚数を増やして葉面積を広げて太陽の光を十分に受け止めること、そしてもう一つは葉の能力を高めることが必要だ（図4―1）。

図4―1　わき芽をかかないので葉の枚数が多く、葉面積が大きく光合成が盛ん

●光合成に必要なミネラルの施用

葉面積はわき芽をかかない栽培ということで十分確保できている。葉の能力を高めるということは、光合成をきちんと行なうということになる。そのためには、光合成に必要な養水分を過不足なく与えることが必要だ。

とくに光合成を行なうために必要な養分は、葉緑素（クロロフィル）の中心に位置するマグネシウムだけでなくマンガンや鉄、銅、イオウ、塩素などのミネラルが不可欠だ。これらのミネラルを過不足なく施用することが、葉の力を最大限に生かすことにつながる。

●リーフカバーの効用が大きい夏場のトマト栽培

茎葉がジャングルのように繁茂するということは、二つの効果がある。

夏場のトマト栽培の場合、果実に直射日光が当たると日焼け果になりやすく、その後の水分の吸収で裂果が生じる。ところが、ソバージュ栽培では、茎葉がリーフカバーとなって日焼けを防ぐ日傘のような役目をしてくれる。そのため、日焼け果になるのを防ぐことができる。

もう一つの効果は、たくさんの葉、一枚一枚が気孔から、吸収した水を蒸散している。このとき気化熱で周辺の気温を下げてくれる。このため、夏場の高温下で起きやすい着色や樹勢などの低下を防ぐ効果もある。

2 仕立ての考え方

●キュウリネットに寄りかからせる

仕立ての基本は、アーチパイプとキュウリネットの組み合わせで、トマトをネットに寄りかからせるように、側枝を誘引する。そして、2段目の果房までのわき芽はかいて、株元の風通しをよくする。それよりのちの側枝が放射状になるようにテープナーで留め、ある程度繁茂してきたらマイカ線で引き上げてやる。肝心なことは風通しをよくしつつ樹勢が落ちないように、側枝が地面に垂れ下がらないようにすることである（図4―2）。

●初期生育をよくして天井をふさぐ

夏場の栽培になるので、前述したように日焼け果および裂果を防ぐためにリーフカバーを早くつくることが大切になる。そのためには、初期生育をよ

図4―2　ネットに側枝を寄りかからせるように誘引する

くして、梅雨明け頃には天井を茎葉が覆うようにしたい。

●収穫の山を均す仕立ても

ソバージュ栽培では、わき芽をたくさん伸ばすので、収穫開始からおよそ1ヵ月後に収量はピークとなり、その後、2〜3週間続くことになる。この収穫パターンを変えて、もう少し収穫の山を均して収量を平準化したい場合は、わき芽を適宜かいて調整することも可能である。この場合は、ソバージュ栽培の省力化の柱の一つであるわき芽かきを途中で行なうことになるので、この点では省力化とはならないが、手間をかけることができるなら選択肢の一つといえる。(第7章76ページ、第8章92ページを参照)

●仕立ての工夫

普及しているアーチパイプを使ったアーチネット誘引では、立ち作業では腕を伸ばす必要があり、多少きつい姿勢となるため、女性作業者のなかには収穫作業がたいへんといった意見もあった。そのため、岩手県農業研究センターでは、小柄な女性作業者が作業しやすいように改良した「直立ネット誘引」を開発している。岩手県大槌町の現地実証圃場では、収量向上と作業改善につながる結果が得られ、女性作業者からも好評であった(図4—3、第7章74ページを参照)。

このように、ネットを支える支柱は、必ずしもアーチパイプでなくてもかまわない。農家のさまざまな事情を考えて取り入れていけばよい。ただ、毎年のように台風や大雨などの被害が予想される地域(西日本など)では、直立ネット誘引では強風を受けて支柱が倒れる危険性があるので注意したい。

図4—3　直立ネット誘引

3 旺盛な根張りを確保する

●排水よく、高ウネでの対応も

ソバージュ栽培成功のポイントは、まずは排水のよい、地力のある畑で栽培することだ。21ページで言及されているように、東北地方などに多い水田転換畑で栽培する場合は、暗渠をするなどして排水性を高めることが大切だ。また、そのような畑では、高ウネにして、排水をよくすることがポイントになる。

●団粒構造で土つくり、地上部をのびのびと

ソバージュ栽培は地上部で側枝をたくさん伸ばすので、地上部に比例する形で根も広く深く張る。そのような強い根を張らせるためにも、団粒構造が深いところまで発達しているような土つくりが重要である。そのために、有機物や良質堆肥などを十分に施し、地上部がのびのびと育つようにする土つくりが大切だ。

●必要なミネラルを十分に供給する

土つくりとも関連することだが、トマトが必要な養分は肥料の三要素（チッソ、リン酸、カリ）だけではない。40ページでも言及したように、たとえば、植物の生長の土台となる光合成を営むためには、葉緑素の中心に位置するマグネシウムのほか、さまざまなミネラルが必要である。そのほかにも生育強化に欠かせないカルシウムをはじめ、植物の必須ミネラルがあり、不足すると植物の生長に支障を来たす。光合成能力が落ちて収量・品質が低下したり、いろいろな欠乏症が出たり、病気や害虫などが発生したりする。

元肥での施用はもちろんだが、生育途中でも必要ならミネラルの追肥を行なう。ミネラルの過不足を知るためには土壌分析を行ない、適切な施肥設計を行なうことが大切である（第7章81ページからの事例を参照）。

4 品種の選び方

●収穫作業がラクになる品種の特性

ソバージュ栽培では、従来の主枝1本仕立て栽培と異なり、側枝が何本もあちこちに伸び、隣の株の側枝とも交差するなかからたくさんの果実を収穫しなければならない。葉かきもしないから葉陰に隠れたトマトを見つけるのも面倒な作業になる。つまり収穫作業がきわめて煩雑になるので、品種選びでは、作業性のよい品種を選ぶことがポイントになる。

そこで、収穫作業が比較的ラクに行なえるような品種の特性としては次のようなものがある。耐病性や高糖度、良食味などのほかに、同時期に適熟になる同熟性、裂果や軟果になりにくい日持ち性、ヘタ離れおよび果梗離れがよいという収穫適性などがある。

収穫の省力化(同熟性)に関係すると考えられる、開花および成熟が集中する特性や日持ち性などを高めることが解決策の一つである。ロッソナポリタン(図4—4)のような日持ち性の優れる品種で、さらに着果性がよい品種がよいと考えられる。夏秋期に着果性が劣る品種は作業効率が悪く、省力収穫には適さない。

また、ソバージュ栽培のような多収栽培では、収穫しやすく、手間がかからないという観点からは、ヘタ離れ性や果柄の離脱性、日持ち性、耐裂果性などにも注目して品種を選ぶとよい。

図4—4　ロッソナポリタン

●ヘタが取れて腐敗しにくい

岩手県農業研究センターでは品種の比較試験も行なっていて、「雨で濡れる露地栽培では、ヘタの腐敗など流通上の障害が発生するおそれが少ない品種や、収穫時に果実からヘタが取れる品種のほうが適していると考えられ

表4—1　ソバージュ栽培における品種間差異（岩手県農業研究センター　2013〜2014年）

年次	品種	規格別収量（kg/10a）				糖度（Brix値）
		良果	格外	障害果	総収量	
2013	ロッソナポリタン	2,072	158	341	2,571	8.6
	キャロル10	2,813	323	634	3,770	8.2
	ミニキャロル（対照）	3,435	425	634	4,494	7.5
2014	ロッソナポリタン	2,949	419	619	3,987	8.7
	アマルフィの誘惑	4,027	632	1,324	5,983	7.2
	プリンセスロゼ	4,106	447	816	5,369	8.6
	アイコ	5,783	487	804	7,074	7.4
	CFプチぷよ	2,148	1,019	188	3,355	—
	ミニキャロル（対照）	4,321	632	1,324	6,277	8.3

る。2013〜2015年の試験結果から、ヘタなし（収穫時に果実からヘタが取れる）品種のうちロッソナポリタンは、収量がやや低いものの、果実糖度やアミノ酸含量などが高く差別化が期待でき、日持ち性も優れていることから、ソバージュ栽培の品種として有望と考えられる。また「アイコ」は糖度やアミノ酸含量などが低いものの、収量が高い品種として期待できる」としている（表4—1）。

●丸いトマト、生食用は裂果しやすい

どんな品種でもやろうと思えばソバージュ栽培の仕立てはできる。しかし、ソバージュ栽培は露地での栽培のため、裂果が大きな問題となる。各地のソバージュ栽培を見ると、裂果しやすい、裂果しにくいという品種がある。

大玉でも中玉でもミニでも、丸いトマトは果肉が軟らかく裂果しやすい。果形からいえば、縦長のトマトのほうが裂果はしにくい。

また、生食用のトマトは生の食感が特性としてあるので、果肉が軟らかく、やはり裂果しやすい。調理用のトマトは果肉も硬いものが多いため、裂果はしにくいといえる。

●房取りは着果負担が大きすぎる

また、1果房当たりの果数が多いトマトや房取りするようなトマトなどは、ソバージュ栽培では放任に近い側枝を出すため、着果負担が大きくなって、樹勢が弱くなってしまう。パイオニアの品種は1果房当たりの果数が少ない傾向があって、それをたくさん実らせてもそれほどの着果負担にはなら

図4―5　シシリアンルージュ

図4―6　サンマルツァーノリゼルバ

ない。1果房当たりの果数が少ないほうがソバージュ栽培には適していることになる。

●カラフルトマトと調理用トマト

販売するにはいろいろな方法があるが、カラフルな色違いの品種を選ぶ方法もある。

たとえば、パイオニアのロッソナポリタン（赤、縦長）は調理用ではあるが、生食でも評価が高いトマト。これにオレンジの「ナポリターナカナリア」（縦長）、緑の「サリーエメラルド」の3色を組み合わせた販売も人気がある。いろいろな色どりを商品化する方法といえる。

調理用トマトでは、シシリアンルージュがあるが、これより果実が大きく割れにくいサンマルツァーノリゼルバも人気のある品種である（図4―5、図4―6）。

品種選びは地域や販売方法（直売所向けか、スーパー向けか、業務向けか）などによって、組み合わせを変えて楽しむのもよいだろう。

第5章

ソバージュ栽培の導入

1 栽培の目標と作型の選び方

●収量目標は1株当たり5〜7kg

ソバージュ栽培では、当面の出荷目標を株当たり寒地および寒冷地では5kg程度（10a当たり500〜600株程度で2.5〜3t程度の収量）、暖地および温暖地では7kg程度（10a当たり3.5〜4t）としている。

これらの目標はざっくりと計算すると次のようになる。

寒地および寒冷地の場合（1株当たり）：1果房当たり150〜200g×50〜60果房×歩留まり60％＝約5kg

暖地および温暖地の場合（1株当たり）：1果房当たり150〜200g×70〜80果房×歩留まり50％＝約7kg

暖地や温暖地などのほうが寒地や寒冷地などに比べて暖かいため、収穫期間が長くなるので果房数が多くなる。その反面、雨が多いため、裂果や病気なども多くなるので歩留まりは低くなる傾向がある。

なお、前述したように明治大学の実証では神奈川県下のハウスの夏秋どりミニトマトと同等以上の収量をあげている。さらに、パイオニアでは山梨県、長野県および秋田県の販売実績を紹介している。それによると、販売実績として kg単価400〜600円（青果向け）で、総収量4t、10a当たり（可販率70％の場合）112万〜168万円をあげている（表5―1）。

●作型の選び方、組み合わせ方

図5―1に寒冷地、温暖地および暖地のそれぞれのソバージュ栽培の作型の事例を紹介しておく。

作型をどのように選ぶかについては、次のポイントを押さえておくとよい。

◎収穫開始から約1ヵ月後に収穫のピークを迎える。

◎夏の高温時期に十分な収穫を得るためには、樹勢をよくして葉を十分に茂らせること。リーフカバーによる高温抑制、裂果抑制にもなる。

◎9月以降になると夜温が下がるため、夏場より色づきが鈍くなり、裂果や病虫害などが発生しやすくなる。

◎収量増をねらう場合、夏場（7月後

表5—1　ソバージュ栽培の販売実績例

栽培地域	品種：シシリアンルージュ（出荷形態）	品種：ロッソナポリタン（出荷形態）	総収量実績	反収例*（可販率70%の場合）
山梨県北杜市	600円（ヘタなし・4kgバラ出荷）	600円（ヘタなし・4kgバラ出荷）	4t	1,680,000円
長野県坂城町	500円（ヘタつき・3kgバラ出荷）	400円（ヘタなし・3kgバラ出荷）	4t	1,120,000～1,400,000円
秋田県横手市	加工向けで取組中	400円（ヘタなし・3kgバラ出荷）	4t	1,120,000円

＊上記はあくまで過去の販売実績に基づく試算の反収例であり、収入を保証するものではない

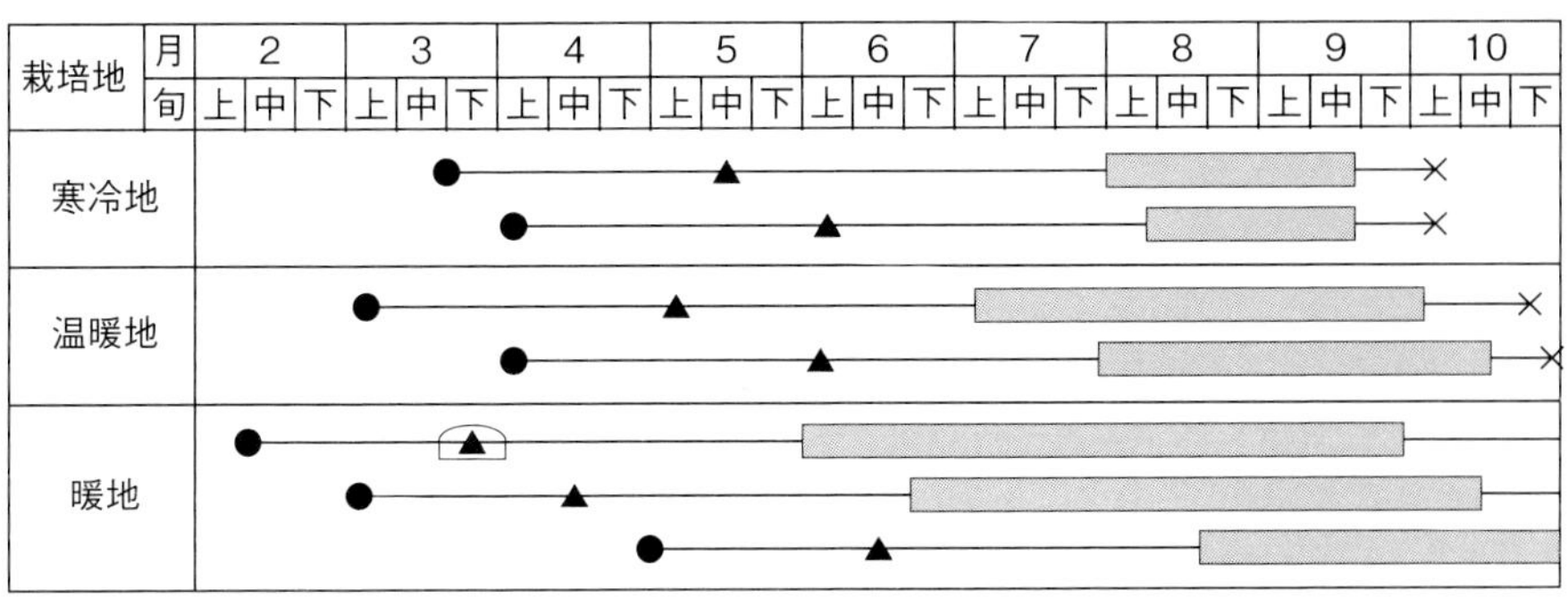

●播種　▲定植　⌒べたがけ資材、育苗キャップなど　▭収穫

図5—1　ソバージュの栽培暦

半～8月）のピーク時にまとめて収穫する方法もあるが、端境期の高値をねらう場合には9月以降に勝負できるよう定植時期や株間などを考える。

◎市場は安定供給を重視するので、そのため定植時期を数回に分けて、ピークの分散をはかる方法もある（5月中旬定植と6月中旬定植の組み合わせなど）。

2　導入時とその後のコスト

●初年度は40～50万円強

ソバージュ栽培を行なうに当たっては、アーチパイプやキュウリネットな

表5—2　ソバージュ栽培にかかるコスト例

幅20m×奥行50mの畑で、アーチパイプが2ウネに1組のアーチとして5アーチ、長さ50mのウネに26組使うとした場合

〈1年目導入〉（10a当たり）

品目	個数	1個当たり単価（円）	規格	金額（円）
シシリアンルージュ／ロッソナポリタン種子	6袋	5,830	100粒袋	34,980
アーチパイプ	130組	800	φ19mm　オスメスで1組	104,000
直管パイプ（5.5m）	225本	800	φ19mm　9本×5ヵ所×5アーチ	180,000
キュウリネット	5本	2,000	18cm目合い×5.4m×50m	10,000
マルチ	3本	4,000	長さ200m×厚さ0.021mm×幅135cm　50m×10列分	12,000
フックバンド	650個	50	5ヵ所×26×5アーチ	32,500
化成肥料	10袋	1,500	高度化成N：P：K 15：15：15　20kg	15,000
苦土石灰	10袋	600		6,000
マイカ線	6巻	2,500	1巻500m	15,000
ソバージュ栽培の1年目導入のおもな費用の総額例				409,480

〈2年目以降〉（10a当たり）

品目	個数	1個当たり単価（円）	規格	金額（円）
シシリアンルージュ／ロッソナポリタン種子	6袋	5,830	100粒袋	34,980
キュウリネット	5本	2,000	18cm目合い×5.4m×50m	10,000
マルチ	3本	4,000	長さ200m×厚さ0.021mm×幅135cm　50m×10列分	12,000
化成肥料	10袋	1,500	高度化成N：P：K 15：15：15　20kg	15,000
苦土石灰	10袋	600		6,000
マイカ線	6巻	2,500	1巻500m	15,000
ソバージュ栽培の2年目以降のおもな費用の総額例				92,980

資材の価格や使用本数は地域や用法によって異なる

どのコストがかかる。パイオニアで例示しているソバージュ栽培の初期導入コストは種子から育苗した場合には、およそ40～50万円程度になる。ただし、この場合は育苗用のハウスが必要になるので、新たに建てる場合だと、さらに多くのコストがかかることになる。

苗を購入した場合は、9㎝ポットで200～300円ほどかかるので、10a当たり500株として約10～15万円となり、50万円強のコストがかかることになる。

表5―2からわかるように、種苗費のほかには、支柱・ネット関連のものにコストが多くかかっている。

＊さらに肥料代（5～10万円）がかかる。

2年目以降は7～14万円前後に

2年目以降は支柱などがそのまま使えるので、コストは大幅に下げることができる。

ソバージュ栽培の場合、コストの大きな部分が種苗代ということになる。ただし、ハウス栽培では、苗数が多い分種苗代がさらにかかるのに加えて、ハウスにかかるコストが発生する。

＊さらに肥料代（5～10万円）がかかる。

第6章

ソバージュ栽培の実際（基本編）

1 畑の選定と栽培の準備

●畑の選定

土質はあまり選ばないが、排水がよく、しかも保水力があり、有機質の多い土壌が適する。

なお、水田転換畑の場合は比較的水の便がよい畑が、普通畑ではかん水設備が設けられる畑が夏の高温対策を行なううえでは都合がよい。

●土壌改良

土壌改良資材と堆肥などの有機物（堆肥は必ず完熟したものを使用）を全面施用し、耕起を深めに行ない、土を膨軟にするとともに、排水対策を十分にはかる。堆肥は10a当たり2～3t程度、耕深は15～20cm程度とする。土壌改良資材は土壌条件によって使用量を加減する。

●元肥

ハウス栽培より多めとし（表6―1）、樹勢維持のため全面施肥を行なう。長期間肥効がある肥料や有機物などを含んだ肥料を主体として施用する。基本的には、チッソ・リン酸・カリの施用量は寒地および寒冷地で15kg・20kg・15kg程度、暖地および温暖地では10～15kg・15～20kg・10～15kg程度でよい。なお、裂果や尻腐れ果などの対策として、苦土石灰を通常より多めに２００kg程度施用したい。最終的な施肥量（土壌改良資材も含める）は土壌診断をもとに決める。

表6―1　元肥の施用量　（kg/10a成分量）

	チッソ	リン酸	カリ
寒地および寒冷地	15	20	15
暖地および温暖地	10～15	15～20	10～15

●耕起およびウネ立て、マルチ選び

ウネ立ておよびマルチ作業は土壌水分が適度にある状態（土質によって異なるが、土を握って崩れない程度の状態）で行なう。定植1週間前にはマルチをして地温を高めておく。

なお、マルチの種類は、夏場の高温障害を気にする必要のない地域（寒地や寒冷地など）では、地温を高めることと雑草を抑制することを主眼として黒マルチが適しているが、黒マルチでは地温が高くなりすぎる心配がある地域（暖地や温暖地など）では白黒マルチが適している。

畑の排水不良が心配される場合は、ウネの高さを20cm前後とする。ウネはアーチパイプの幅に合わせて幅90cm前後にする。条間は2m程度とし、作業性をよくする。

ウネ間に防草シートを設置することにより、雑草対策と乾燥防止に役立てる。なお、ウネ間のマルチと同様に、防草シートでは地温が上がりすぎる懸念のある地域では、高温対策を兼ねて緑肥や敷きワラ、もみがらなどを敷き詰める方法をとっている生産者もある。

●支柱およびネットの設置

収穫や防除などの作業は、支柱の外側からだけでなく内側からも行なうため、支柱の幅および高さはともに2m程度を必要とする。支柱の高さは収穫をおもに担う作業者の身長を考慮することも大切なポイントで、作業者の身長と支柱の高さに大きな差があると、とくに収穫期後半、高いところのトマトが収穫できなかったり、できたとしても作業効率の低下につながったりしやすい（図6—1）。

支柱をつなぐ直管パイプは、おもに防風対策にどのくらいの比重をかけるかによって異なる。台風や強風などで支柱が倒れる心配のない地域では、支柱天頂部に1本、横（地上120cm程度）2本の計3本の設置でよい場合もあるが、最近の気象を考えるなら、支柱曲管部にさらに2本の計5本を設置して強度を高めたほうがよい。直管パイプを5本使う場合は、支柱天頂部と地上50〜60cmの位置に2本、さらにその間に2本設置する。さらに暴風や豪雨などに耐えられるように、筋交いや単管パイプなどで補強する（図6—2、図6—3、図6—4）。

ネットはキュウリ誘引用のネット（キュウリネット）を利用する。生分解性ネット（竹の繊維でできている「BCエコネット」）を利用すれば、収穫終了後に土に埋め込めば1〜2ヵ月で分解してしまうので片付けがラクになる。ただ、キュウリネットよりかなり高価になる。

図6—1　支柱の高さが低いと内側から収穫ができない

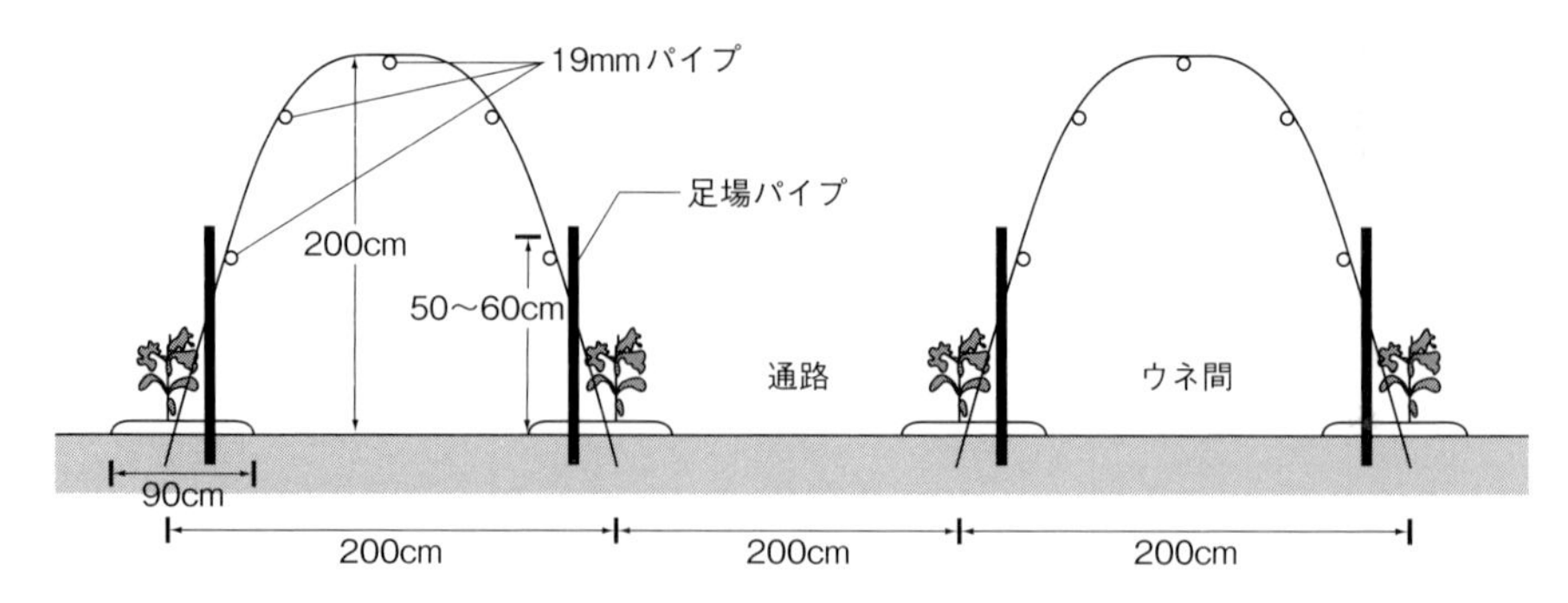

図6―2　支柱の設置例

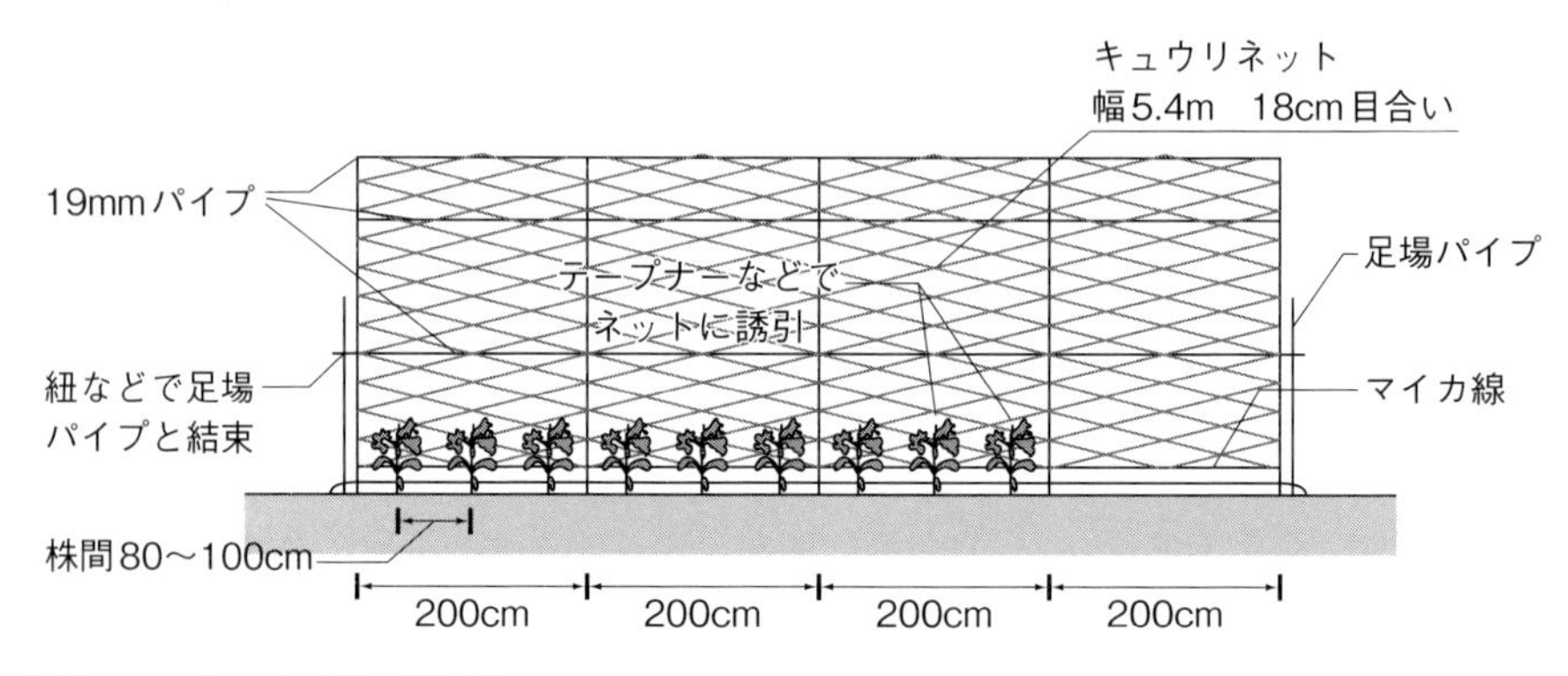

図6―3　ネットの張り方例

なお、支柱やネットなどソバージュ栽培を始めるのにかかるコストについては表5―2を参照。

図6―4　支柱の補強方法
単管パイプをウネの始点2ヵ所、終点2ヵ所に使用。直管パイプを5ヵ所に使用

2 苗の準備

苗については、暖地および温暖地の場合、現状はほとんどの生産者が購入した苗でソバージュ栽培を行なっている。ここでは、苗の購入に伴う場合と、種子を入手して苗つくりをする場合とに分けて紹介する。なお、苗つくりについては、岩手県農業研究センターの「岩手県　露地ミニトマトソバージュ栽培の手引き」から了解を得て引用した。

●購入苗の準備

購入したトマト苗でソバージュ栽培をする場合は、定植の2ヵ月前までに苗の注文をして、準備を進める。土壌病害を避けるため、地域で普及している台木による接ぎ木苗を推奨する。樹勢を維持するため、育苗には9cm以上のポットを使用するとよい（図6―5）。

図6―5　9cmポット苗

●育苗する場合のポイント

以下、岩手県農業研究センターの「手引き」から引用してポイントを紹介する。育苗管理表（表6―2）を参照。

◎5月下旬定植の場合は4月中旬播種、6月下旬定植は5月中下旬播種となる。平年の気象条件のハウス内であれば、出芽後は加温をしなくても育苗が可能である。一方、育苗後半はハウス内気温が上がり、徒長しやすくなるので換気などを積極的に行なう。

◎土は市販されている消毒済の育苗培養土を用いるのが好ましい。

◎128穴または200穴のセルトレイを用いて播種。播種後20日前後、本葉2枚程度でポットに移植する。

◎移植に3・5号より小さいポットを使用する場合、育苗後半は徒長により転倒しやすいため、適期よりやや早めにずらしを行なう。

◎かん水は基本として午前中にたっぷり行ない、夕方に鉢土の表面が乾いている状態が望ましい。移植直前や定植前などに鉢土が乾いてしおれやすくなる場合、午後4時頃までに軽く補う程度にかん水する。夕方以降、

表6―2　育苗管理表

<table>
<tr><td rowspan="2">日数</td><td>(5月下旬定植)</td><td>5</td><td>9</td><td>8</td><td>5</td><td>7</td><td>7</td><td>5</td></tr>
<tr><td>(6月下旬定植)</td><td>5</td><td>8</td><td>7</td><td>5</td><td>6</td><td>6</td><td>4</td></tr>
<tr><td colspan="2">葉数</td><td></td><td>出芽</td><td>1.0</td><td>2.0</td><td>3.0</td><td>5.0</td><td>7.0</td></tr>
<tr><td colspan="2">作業</td><td>播種</td><td>換気始め</td><td></td><td>ポット移植
活着</td><td>ずらし</td><td>ずらし</td><td>定植</td></tr>
<tr><td>気温（℃）</td><td>昼
夜</td><td>28
25</td><td>25
18</td><td>25
15</td><td>25
18</td><td>25
15</td><td>25→20
15→12</td><td>20
12→10</td></tr>
<tr><td>地温（℃）</td><td>昼
夜</td><td>28</td><td>25
20</td><td>20
15</td><td>20</td><td>25
15</td><td>25→18
15</td><td>18→16
15</td></tr>
<tr><td colspan="2">水管理</td><td>適湿</td><td colspan="4">子葉・本葉がしおれないように適湿を保つ
20～25℃の水をかん水する</td><td colspan="2">やや少なめ（下葉がしおれ始めたらかん水する）
頭上かん水を避け、鉢上かん水とする
午後4時以降はかん水しない</td></tr>
<tr><td colspan="2">換気</td><td colspan="3">適湿を保つ</td><td colspan="2">15℃以上を確保する</td><td colspan="2">日中25℃以上にしない</td></tr>
</table>

過度のかん水は夜間の多湿環境をもたらし、徒長や病害発生などの原因となる。

◎初期の草勢を十分に確保するため、従来の栽培の定植苗よりもやや若苗とし、定植の苗姿は1番花の開花前～直前が適している。

3　定植以降の栽培管理

●定植

定植時期は、晩霜の心配のなくなった時期に行なう。樹勢の強化のため、第1花房の1番花が開花する前、第2花房が見え始めた頃のできるだけ若苗で定植する。苗をまっすぐ立てて定植することが肝心である。

定植日は、晴れて風も穏やかな日を選ぶ。定植前にはポットと植え穴に十分かん水することで、根の伸長を促し、初期生育をよくすることができる。

定植時に花の向きを揃えるとその後の管理が容易になる。

注意したいのはマルチ焼けを防ぐこと。マルチ焼けとは、定植時に苗まわりのマルチの裾が浮いて、そのすき間から太陽の日射によって温められた熱気が入り込むことによって、定植した苗が焼けてしまう現象だ（図6―6）。これを防ぐには苗がマルチ面とフラットに（少し高く）なるように定植し、まわりのマルチの裾を押さえるように土をかぶせておく。

図6―6　マルチ焼け

なお、株間は1mが基本だが、寒地や寒冷地、高冷地などでは栽培期間中の温度確保が暖地や温暖地などに比べて難しく、栽培期間も短くなるので、株間を80cmと狭くして、株数を多くすることで収量を確保したい。

●定植後の管理

生育初期は、風で茎が折れないようにテープナーなどで枝をネットに誘引するが、このとき、誘引したネットが苗の重みでたわみ、定植苗の茎が曲がって樹勢をそぐことになるので注意が必要だ。できれば、仮支柱に誘引、固定するのが安全である。とくに、風による苗へのダメージが心配される場合には、仮支柱で定植苗を支えて対応するとよい（図6―7、図6―8）。

苗が活着するまではかん水が必要である。ポットから取り出した苗を発根促進効果がある資材（たとえば「アーキア酵素むげん」、「PSマリンパワー」「PSバイオギフトLIQ」など）にドブ漬けして苗を定植するのもよい。または、定植時の植え穴に発根促進効果のある「ハイプロ」や「微生物とその棲家」、過リン酸石灰などを少量混和して定植することも活着の促進に効果がある（資材については巻末ページ参照）。苗が活着し、ある程度樹勢が旺盛になりだしたら株元の整理を始める。

●整枝および誘引

株元の通気をよくするため、2段目の果房までは、わき芽をかく。できるだけわき芽が小さいうちに、手でつめるくらいのときにかくようにすると簡単にかき取れ、トマトへのダメージを減らせる（図6―9）。なお、寒地や寒冷地、高冷地などの生育（収穫）期間が短い短期決戦型の作型では1段目のわき芽までとする。わき芽をかき遅れると大きく生長してくるので、ついもったいないという気持ちになって残してしまうことがある。しかし、取るはずのわき芽を残してしまうと、株元が密集した状態になり、作業性が悪化し、病害虫の発生原因となってしまう。

葉は生育初期には残して、1段目の果実が色づく頃に2段目までの葉を取り除く。ただし、6月定植など収穫1段目のときに日差しが強い作型では、

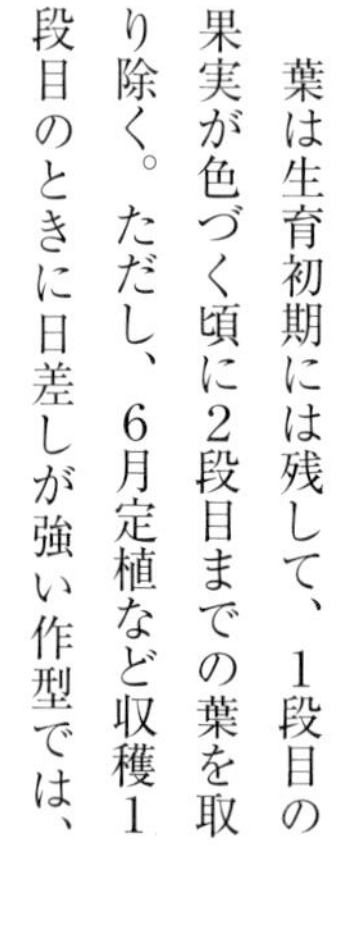

図6―7　イボタケで主枝を固定し直立させる

図6―8　テープナーで茎を誘引する

図6―9　苗が小さいときからわき芽をかく

リーフカバーをつくるために、葉を取る時期を遅らせる。

主枝は直立させて適宜ネット（仮支柱）に留める。側枝は扇状になるように誘引するのが理想である（図6―10）。

茎葉がある程度繁茂したら、枝が横へ広がる前に早め早めにアーチパイプの両側から縛りあげる。株から出た枝葉が膨らまないように、両側からのマイカ線を引き上げて、S字フックで留めるようにして締めるとよい。作業性や株元の風通しなどが悪くならないように、枝が垂れ下がらないようにすることが肝心である（図6―11、図6―12、図6―13）。

●ホルモン処理

ソバージュ栽培は自然交配でよいため、ホルモン処理などは必要ない。

図6―10　扇状に誘引するのが理想

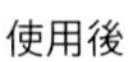

マイカ線

マイカ線使用前　　使用後

図6―11　外にはみ出した側枝をマイカ線で縛りあげる

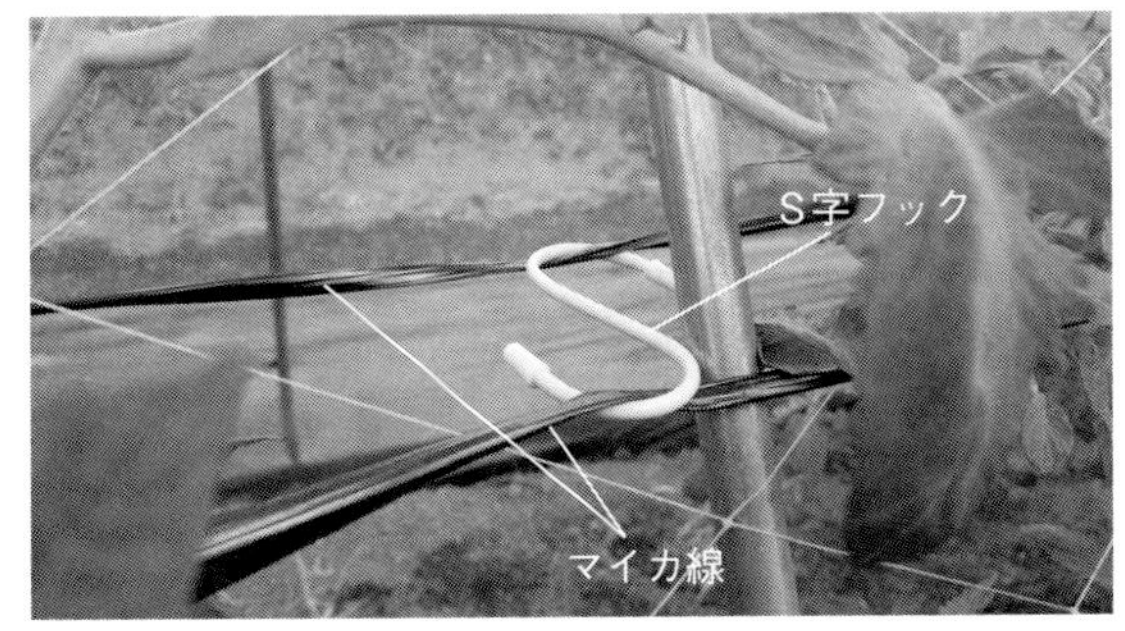

図6―12　S字フックで内外両側のマイカ線を締めあげる

図6―13　株元は葉をかいて風通しをよくする

●追肥

寒地および寒冷地では、1回目の追肥は定植後50日程度から草勢を見ながら行なう。2週間に1回程度、チッソ成分で10a当たり1kg程度を目安に通路に施す。肥効の急なものは好ましくない。寒地および寒冷地の5月下旬定植の場合、8月中旬から下旬にかけて収穫のピークを迎えるため、葉面散布や土壌かん注なども組み合わせ、草勢の維持をはかる。

暖地および温暖地では元肥を控えめにして、1回目の追肥を定植後30日後に行ない、その後、2週間に1回、チッソ成分で10a当たり3～5kgを目安に通路に施す。生育が進むにつれて枝葉の数が増えて、樹勢が旺盛になるため、追肥の量を増やしていく必要がある。

なお、尻腐れ果や裂果などの対策、生育強化、光合成促進のために、チッソの追肥と並行して苦土石灰を10a当たり60～100kg施用する場合もある。

●裂果対策

雨による土壌水分の変動や強い直射日光などを受けた場合に裂果しやすい。高温や干ばつなどによる果皮の老化も裂果に影響する（図6―14）。

ソバージュ栽培は、露地栽培で雨よけがないことから、ある程度の裂果はやむをえない。裂果の軽減策としては、肥沃で排水のよい土壌に改良することがもっとも有効である。水田転換畑では、耕盤の破砕や圃場全体の深耕などを行なうほか、暗渠や明渠などを設置

図6―14　雨による裂果

して排水性の向上をはかる。

土壌水分を安定させるために、かん水ができる畑では定期的にかん水して適度な水分状態を保つ。とくに梅雨明け後は、水分の変動が大きく、裂果になりやすいので、適度のかん水で裂果を抑えることができる。また、かん水ができない畑では被覆資材や緑肥などを使って乾燥を抑えるようにする。

葉で果実を覆うこと(リーフカバー)により日差しによる日焼け、乾燥および果面温度の上昇を抑えるとともに、雨が直接果実に当たらないようにすることも有効である。そのため、生育初期に樹勢を強めて茎葉を繁茂させる。生育後半は葉の少ないところに枝を再誘引する。茎葉を繁茂させることで葉からの蒸散による気化熱を利用して群落内の気温を下げる効果もある。

施肥では果皮を丈夫にし、生育強化につながるカルシウムやホウ素、ケイ酸などのミネラルの積極施用で吸収を促すことも大切である。ただし、ミネラルが十分にあっても乾燥していると吸収できない。適度の水分状態を保つことがここでも大切になる。

なお、着果負担の軽減や病害虫の予防などのため、割れた果実はすぐに落とすようにする。また果房のなかで一つでも裂果があれば、果房全体も直射日光に当たって日焼けしていることが考えられ、裂果予備軍の可能性がある。そのため、果房全体を落とす手立てをとることもできる。さらに、裂果が出た果房については、多少色づきが悪くても裂果していない果実を早めに収穫して、1日常温に置くという方法もある。糖度は落ちるが、常温下で色づくので、裂果の被害、可販収量の減少を軽減することも可能である。

4 収穫および調製(増収対策)

収穫は完熟果を順次摘みとるようにする(図6—15)。収穫適期は品種ごとに色見本表があるので、それを参照する。未熟果は収穫後に着色するが、食味が著しく劣る。高温期には早朝の涼しい時間帯に収穫する。

収穫作業に関しては、収穫回数を多くして、着果負担を軽減することにより、エネルギーを果実から生長点に向かわせ、栄養生長と生殖生長のバランスをよくすることができる。なお、地面にブルーシートを敷いて、そこにトマトを落として収穫作業を軽減している生産者もいる。果実が硬い品種だからできる方法といえる。

図6—15　ヘタなしでの収穫
ヘタなしだと流通時にヘタが腐敗するおそれが少ない

5 病虫害対策

ソバージュ栽培の場合、わき芽をかかない栽培法のため、枝葉がジャングルのように繁茂する。病害虫防除のための薬剤散布では茂った枝葉の裏にもしっかりかかるように、アーチパイプの内側と外側から、しっかり薬液をかけることが大切になる。同時に過繁茂や軟弱な生育などにならないよう、チッソ過多に注意し、生育強化のためのカルシウムやホウ素などのミネラルを適切に施用することが大切だ。以下、ソバージュ栽培で多く見られる病害虫について性質と対策について見ていく。

●斑点病

気温20～25℃で多湿環境の場合に発生が多い。病徴はおもに葉に見られるが、そのほか、葉柄、茎、果実のヘタにも病斑を生じる。葉では下葉から発生し、病状が進むと上位葉に蔓延する。初め小さな褐色～黒褐色の斑点を生じ、その後、拡大してまわりが黒褐色、中心部が灰褐色でやや光沢のある直径2㎜くらいの円形～不整形の病斑となる。病斑のまわりは黄変し、病気が進むと病斑の中心部に穴があく。多発すると葉に多数の病斑を生じ、融合して大型病斑となる。下葉から黄化し、枯死する。また、葉柄や茎などにも斑点を生じる。果実では、ヘタの部位が赤褐色に変色して乾燥し、症状が進展すると腐敗は内部にまで入り込み、離層部から果実が落下することがある。

寒地および寒冷地では8月後半頃から、暖地および温暖地では7月下旬頃から発生が見られる。発生前に薬剤を定期的に散布し、予防することが大切である。

チッソ肥料切れで発病が増加する。暖地では水はけのよい畑で、雨が続いて肥料が流亡した後によく見られる。肥料切れにならないよう、計画的に施肥する。

●エキ病

エキ病は、20℃くらいの低温で多湿の条件が続くと発生しやすい。ふつう、露地栽培では梅雨期と秋雨期に降水日数の多い年が発生しやすい（図6―16）。

関東地方などの温暖地では、水田転換畑などの土壌水分が多い圃場で発生している。エキ病は地上部のあらゆる部分に発生し、葉では初め灰緑色水浸状の病斑を生じ、拡大して暗褐色の大型病斑となる。

エキ病はナス科作物に共通して感染するため、ナス科作物の輪作を避ける。トマトやジャガイモなどの跡地や、ジャガイモ畑の近くなどで発生しやすい。そのような畑では、エキ病菌の密度が高くなりがちである。

露地栽培では、風雨で土壌がはね上げられることから被害が多くなる傾向にあるため、ウネにマルチをして土のはね上げを防ぐ。

チッソ肥料が多いと茎葉が繁茂し、被害を助長するので注意する。

梅雨期に入ったら薬剤の散布間隔を短縮し、晴れ間を待って散布する。中段以下に初発し、蔓延しやすいので、とくに下葉にはていねいに散布する。病原菌は気孔から侵入して発病するので、気孔の多い葉裏にもかかるように薬剤散布することが必要である。

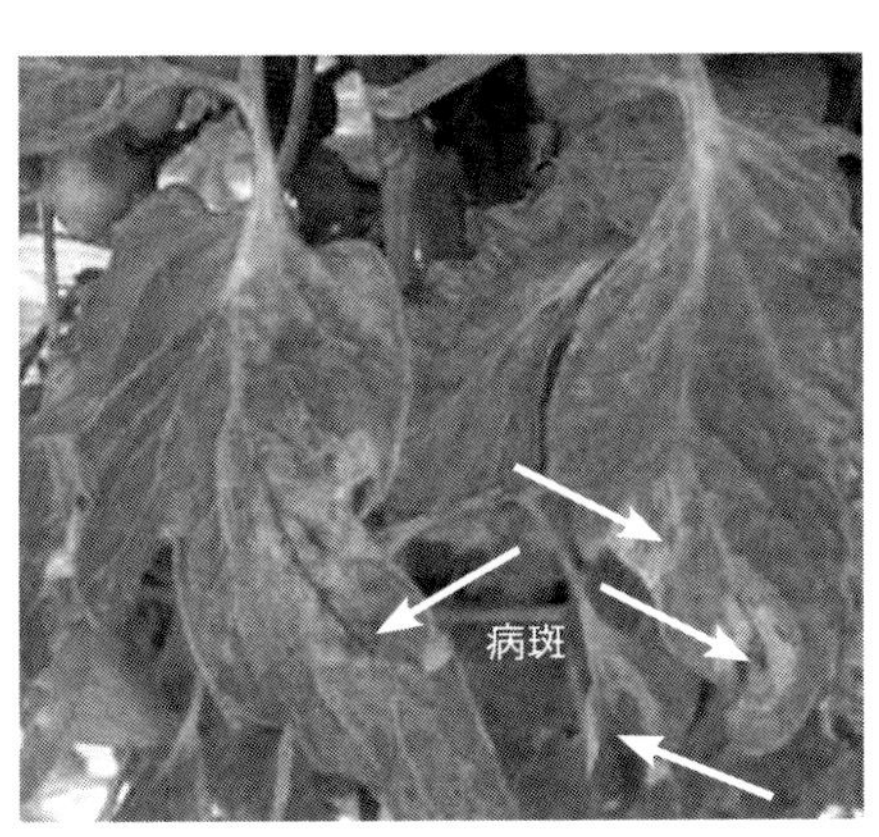

図6―16　エキ病

●青枯病

青枯病は、北海道から沖縄県まで全国各地に発生し、とくに梅雨明けから夏にかけての高温期に被害が大きい。温暖化により高冷地、寒冷地および寒地や春秋期などへの被害の拡大が問題となっている。

症状としては、日中急に水分を失ったように葉茎の一部がしおれるが、曇天の日や朝夕などは一時的に回復する。その後、青枯れ症状のまま株全体が急激に萎凋し、枯死する。

発病株および感染株では地ぎわ付近の茎部に気根の発生が認められ、萎凋した株の地ぎわ部を切ってみると、維管束がやや褐変していることが多い。また、その茎の断面を水に浸けてみると白濁した菌泥が分泌される場合がある。

病原菌は土壌中に生息する細菌であり、トマトのほかにもナスやピーマン、ジャガイモ、イチゴなど200種以上の作物を侵す多犯性の典型的な土壌伝染性の細菌病である。発病株は周囲への伝染源となるため、見つけ次第、抜き取る。被害株は圃場にすき込まずに焼却処分する。汚染された土を圃場に持ち込まないよう注意し、汚染された圃場で使用した農機具はよく洗浄し、消毒する。

図6—17　灰色カビ病

●灰色カビ病

葉や茎、果実などに発生し、葉には褐色水浸状の円形病斑を、果実には水浸状の病斑を生じ、表面に灰色のカビを生じる（図6—17）。

低温や多湿、多肥などの条件、わき芽かきや葉かきなどの作業で植物体に傷がついたときに発生しやすく、とくに古い花弁や葉などに落ちた花殻から発生することが多い。

ソバージュ栽培では、生育後半から終期にかけて多く見られる。罹病した花や葉などの被害部分を取り除くのはたいへんな作業であるため、予防と初期防除に努める。

●タバコガ類

夏期の気温が高く、雨が少ないときに発生が多い。

若齢幼虫による被害は、花蕾の食痕やしおれ、枯死、花梗の切断など、樹の先端部分から出始め、2～3齢まではトマトの上部で、葉に円形あるいは楕円形の食痕を残す。茎に小穴をあけ、ときにはわき芽を切断することもある。中齢および齢幼虫になると、太い茎や果実などを加害する。被害果にはふつう侵入口と脱出口とがあり、脱出口は侵入口よりも大きく、食痕が新しい。穴が一つの被害果は、果実の内部に幼虫がいると考えてよい。侵入口と脱出口は幼虫の胴まわりに合わせて丸くあけられるのが特徴であり、ハスモンヨトウの食痕が不整形にあけられるのと対照的である（図6—18）。そして加害された果実は、熟期ではないのに被害部分から不自然に色づく。

対策としては、畑を見まわり、新しい食痕や虫糞などを見つけたら、その付近に必ず幼虫がいるので注意深く調べ、捕殺する。とくに、発生を早期に発見し、若齢幼虫のときに防除対策を実施することが被害の軽減につながる。食害された果実を早期に摘果し処分することは、その後の発生を抑えるうえで重要である。

図6―18　オオタバコガ

なお、明治大学のソバージュ栽培の圃場では、タバコガ類は、なぜか地表から同じ高さのところに産卵することが観察されている。この性質を利用すれば、圃場で食害や幼虫などを見つけたら、同じ高さをたどっていけば同じ齢の幼虫を発見することができる。発見、捕殺してタバコガ類の被害を少なくすることができる。

●カメムシ類

ミナミアオカメムシやアオクサカメムシなどのような大型のカメムシ類に茎や葉などが加害されると、加害部から先がしおれることがある。また、若齢幼虫は集合性があり、群がって茎を加害するため、その場合も加害された部分から先がしおれる。

果実が加害されると、未熟果では口器を刺した部分を中心に円状に白く退色し、その部分の着色が遅れる。また、加害された果肉部はスポンジ状になり、腐敗しやすくなる。

カメムシ類はトマトが好適な寄主植物というわけではなく、トマト圃場周辺のマメ科およびイネ科の作物や雑草などで繁殖した個体が侵入し、トマトを加害する場合が多い。したがって、トマトの被害もそれらの寄主植物でカメムシ密度が高くなる8～9月に多くなる。とくに、トマト圃場の周辺で栽培されているダイズやイネなどで発生が多い場合には、それらの作物が収穫されるとトマトが集中的に加害されることがある。

圃場周辺での発生状況に注意し、侵

入が見え始めたら防除対策を講じる。
周辺圃場で多発している場合には、侵入が始まる前に周辺作物での防除を行なうとよい。とくに、多発状態のままでイネやダイズなどが収穫されると、一斉に侵入してくるので注意する。

●コナジラミ類（トマト黄化葉巻病・すす病）

シルバーリーフコナジラミ（タバココナジラミ）は気温が上昇してくると増殖が盛んになるので、ソバージュ栽培では8～10月頃に発生が多くなり、その頃に着色異常果およびすす病が発生しやすい。とくに、周辺にメロンやキュウリ、ナスなどがトマトの前作、あるいは同時に栽培されている場合が多く、それらの作物からトマトへの成虫の飛来により、寄生密度が上がりやすい。

幼虫がトマトの葉に多数寄生することによってトマト果実の着色異常果が生じる。収穫時に果実全体が赤くならずに、淡橙色、黄色ないし黄緑色の縦縞やまだら模様などが残り、収穫後もこの部分は赤く着色しない。果実内部も果肉が白いままで硬く、完熟した味と香りがしない。このため着色異常果は、商品価値が著しく損なわれ、症状の激しいものは出荷できず、栽培上大きな問題となっている。なお、着色不良の原因がシルバーリーフコナジラミかどうかの的確な診断には、着色異常果の直下1～2節の葉にコナジラミ類幼虫が多数寄生しているかどうかを確認する必要がある。

また、コナジラミ類の成虫および幼虫が多数寄生した場合に、その下の果実や葉などに排泄物が落下し、すす病菌が繁殖して黒く汚染する。汚染された果実も同様に商品価値は著しく低下する。

シルバーリーフコナジラミが媒介するウイルス病として、トマト黄化葉巻病がある。病徴は名前のように葉が黄化して巻き、感染時期が早いと株が萎縮する。関東地方以西の暖地や温暖地などで広く発生している（図6―19）。

図6―19　黄化葉巻病

トマト黄化葉巻病が流行している地域では、コナジラミ類の発生密度が低くても黄化葉巻病が発生するおそれがある。育苗期から体系的な薬剤防除を行なうことが基本だが、ソバージュ栽培は露地栽培なので、施設栽培で導入されている防虫ネットや近紫外線カットフィルムなどでの侵入防止策は使えない。そのため、発病株を発見したらすぐに除去することが肝心で、そのほか、パイオニアの試験圃場の試験から注意する点として、「トマト産地のハウスの近くでは栽培しない」こと、媒介昆虫であるシルバーリーフコナジラミがとどまらないように「風通しのよい場所を選ぶ」こと、「株間とウネ間を広くとる」こと。これらの三つの注意点を踏まえた圃場選びに留意する。

6 台風対策

近年、気象の凶暴化ともいうべき災害が頻発するようになった。露地で栽培するソバージュ栽培では、気象災害に直接さらされることになる。とくに台風の強風にさらされて、アーチパイプが大きく曲げられたり、トマトもろとも倒されたりする被害も多い。そこでいくつかの台風対策を紹介する。基本となる資材費に上乗せする形になるが、台風被害とのバランスを考えて対策をとる（図6―20）。

●アーチパイプの補強策

台風の心配のある地域では、アーチパイプを固定するパイプは5本にすることが基本である。そのパイプの径を、たとえば19㎜から22～25㎜にすることで補強することができる。ただし径を太くすれば、それだけコストがかかることになる。

図6―20　台風被害

並んでいるアーチパイプの列の両端に足場パイプを打ち込んで固定するだけでなく、列の間のアーチパイプを補強するために、何本かの足場パイプでアーチパイプを固定する。両端のアーチパイプの天頂部に垂直に足場パイプを打ち込んで固定すれば、さらに強度は増す。

さらに、並んでいるアーチパイプの天頂部分を直管パイプで固定し、何列か並んでいるアーチパイプを互いに固定して強風に対抗する方法もある。両端の天頂部から斜めにかすがいのように直管パイプを渡して地面に固定することで、さらに強度を高めることができる。

それらは基本的にパイプ類でアーチパイプを補強する方法で、使うパイプの数に応じてコストがかかることになるし、骨組みだけ補強しても果実や茎葉が強風にあおられて傷むことは避けられない点も考えたい。

●周囲に風よけ

ソバージュ栽培の圃場の風上に防風ネットを設置したり、ソルゴーを植えて、風よけにしたりする方法もある。それらの方法は強風の威力を弱めてトマトを守ろうという発想である。

ただし、台風の進路がいつも決まっているわけではないし、吹き返しなどもあるので、いつも同じ方向から風が吹くわけではないことも考慮しなければならない。圃場全体を囲うのが一番安全ではあるが、やはりそれなりのコストがかかることになる。

ソルゴー帯を圃場の周囲につくって風よけにする方法の場合、ソルゴーが天敵を育てるバンカープランツの役割も果たすことが考えられる。ソルゴー帯を風よけとバンカープランツとして利用する方法は一石二鳥の方策といえる（図6—21）。

地域の条件などを考慮したうえで、対策を練ってほしい。

図6—21　風よけにソルゴーで囲う（愛媛県田中成典さん）

●台風通過後の対策

台風通過後は、アーチパイプなどが倒れたら補修して、できるかぎり収穫を続けることになる。また、倒れないですんだ場合でも、茎葉が風雨を受けて傷み、根もゆすられ、根まわりが水浸しになって傷んでいる。それらをできるだけ早く回復させることが、その後の生育回復に、そして収量・品質に直結する。

茎葉の表皮や根などに傷ができていて、その傷口から病原菌が入って病気になることも多い。台風が過ぎて天候が回復したら病原菌の侵入を防ぐために銅剤などの薬剤散布をする。

バチルス菌（納豆菌）などの微生物資材を散布して茎葉表面を覆い、病原菌の増殖を抑え込むという対応をとっている生産者もいる。

植物が傷を治すには、材料とエネルギーとしての光合成産物やさまざまな養分などが必要になる。そこで発根や生育を促進する効果のある「PSマリンパワー」、「アーキア酵素むげん」、転流を促進し茎葉を強化する効果のある「PSダッシュMEネオ」、しおれや裂果の予防効果のある「アルバトロス」などの葉面散布剤などを併用して、養分吸収を促し、台風の被害から回復させせようとする方法もある（資材については巻末ページ参照）。

また、大雨の後は根まわりが水浸し状態になり、土も締まって、根の呼吸ができなくなり、必要な養水分の吸収が滞ってしまう。そこで、酵母菌を含んだ溶液を流し込んで、酵母菌によって炭水化物が分解するときに発生する二酸化炭素を土壌中で発生させて土を膨軟にし、台風の後遺症に対処している生産者もいる。

第7章

ソバージュ栽培の実際（応用編）

ソバージュ栽培が普及し始めてから10年ほどが経過したが、この間、各地で生産者の方が独自の工夫をしながら栽培をしている。ここでは、そのような工夫のいくつかを応用編として紹介する。

1 直立ネット誘引（岩手）

以下は「岩手県　露地ミニトマトソバージュ栽培の手引き」（岩手県農業研究センター）を参照した。

●収穫姿勢がラクな仕立て方法

ソバージュ栽培の試験研究を進めるなかで、アーチパイプを用いた栽培では、支柱がアーチ状のため支柱の外から少し高いところの果実を収穫する際、腕を伸ばすことになる。重心が伸ばした腕のほうに移動するため、それを支える姿勢が多少きつく感じる。女性作業者からそのような声を聞いて、アーチパイプではなく支柱を直立させて、そこにネットを張り、トマトの側枝を誘引する方法を考案し試験した（図7―1）。

図7―1　直立ネット誘引（岩手県大迫町）

比較試験では、直立ネット誘引によるソバージュ栽培はアーチパイプによる方法に比べて、費用は少し高くなるものの、栽植本数が増える分、収量は多く、収益も上回ることがわかった（表7―1）。

表7―1　ソバージュ栽培における誘引法の違いによる10a当たりの収益性（2015～2016年　2ヵ年平均）

	ソバージュ栽培	
	直立ネット誘引	アーチネット誘引
収量（kg）	4,756	3,998
kg単価（円）	468	478
売上（千円）	2,224	1,910
資材費（千円）	302	282
減価償却費（千円）	218	218
租税公課費（千円）	13	13
販売費用（千円）	504	424
所得（千円）	1,186	973

栽植本数は地域などにより異なるが、アーチパイプによる方法が450～550本に対し、直立ネット誘引は550本

●台風などの強風対策を怠らない

直立ネット誘引では、ウネの両端に足場パイプ（直管パイプ）を垂直に打ち込み、ネットが倒伏しないようにする。台風などの強風で倒れないようにするために通路面から30～50cm程度の深さまで打ち込む。そしてイボタケを1mおきに手で挿し込み、イボタケより太い打ち込みイボタケを5mおきにウネの真ん中に金槌か支柱ハンマーを使って、30cmほどの深さまで打ち込んでおく。

アーチパイプと違って、風に弱い構造なので、ネットが倒伏しないよう足場パイプとイボタケをしっかりと打ち込んでおかなければならない。

2 ハウスソバージュの展開

直立にネットを張って側枝を誘引する方法をハウスで取り入れている生産者もいる。ハウス内ではアーチパイプを設置するとスペースがとれないため、直立方式を取り入れている。トマトはハウスのなかなので、アーチパイプで風に対する強度を高める必要はない。

岡山県や兵庫県、山口県などでも行なわれていて、だいたい6～7段くらいまで側枝を茂らせるソバージュ栽培として、その上はピンチしてしまうやり方が多い。8月初めまでに良果を多く収穫しようという短期決戦型の栽培をしている。

また、長野県の㈱ヨコハチファームの真木聡志さんは、8月から10月初めまで収穫するソバージュ栽培を露地で行なっていた。そのほかにハウスで1本仕立てのミニトマトの栽培をしていたが、そのハウスで直立方式によるミニトマトのソバージュ栽培を取り入れて、6～7月にも収穫できるようにした。

6月前後は市場ではトマトの価格が一番安い時期に当たるが、真木さんは生協などとの契約栽培がおもなため、一定の価格で売ることができる。ハウスのソバージュ栽培を取り入れたからといって経営にマイナスが出るわけではないし、契約者にとっても安定して出荷してもらえるので都合がよいのである。

真木さんは露地のソバージュにハウスのソバージュを組み合わせることで、6月から10月初めまでミニトマトを安定して出荷することができるようになった。

3　ネットの裾上げ仕立て（大分）

ソバージュ栽培のネットの張り方は、通常、地面のすぐ上からアーチパイプをすっぽり覆うようにする。大分県玖珠町の魚返雅文さんは、この方法では裾付近の風通しが悪くなると考えて、次のような方法をとった。

アーチパイプを支えるために、アーチパイプの5ヵ所を直管パイプで固定している。一番高い天井に1本、両側の膝の高さくらいに2本、中間に2本、これら5本でアーチパイプが倒れないようにしている。魚返さんは、ネットの裾を膝の高さにある直管パイプに固定して、膝の高さより下にはネットを配置しないようにした。

しかし、このようにすると定植した苗をネットで固定することができない。そこで魚返さんは、2m間隔で並ぶアーチパイプに定植した苗を固定し、さらにアーチパイプとアーチパイプの真ん中でイボタケを仮支柱として苗を定植、固定した。第2花房より上のわき芽が伸びてきたら、テープナーで誘引して、膝の高さから上に張ってあるネットに固定した。

通常のソバージュ栽培のネットの裾を膝の高さの直管パイプの位置まで上げることで、風通しがよくなり、それまでより病気の発生を抑えることが可能になった。

4　側枝数制限栽培――「なんちゃってソバージュ栽培」と「きっちりソバージュ栽培」

●放任だと真ん中のトマトに手が届かない

先に紹介した長野県の真木聡志さんは、芽かきをできるだけ行なわないソバージュ栽培に芽かきを取り入れた栽培を行なっている。きっかけは初年度にわき芽をかかない放任のソバージュ栽培を行なったところ、収穫をしていたパートさんから「真ん中のトマトに手が届かない」と言われ、確認したところ確かにジャングル状になった茎葉の茂みの真ん中のトマトも真っ赤に実をつけていた。そんなトマトは収穫されずに虫がついたり、熟しすぎて落果したりした。

●なんちゃってソバージュ栽培

これらのトマトをしっかり収穫しようと考えて、放任のわき芽（側枝）を手が届くようにすいてみたのだ。方法は枝の勢いが強いとされる花房直下のわき芽だけを伸ばしたソバージュ栽培。名付けて「なんちゃってソバージュ栽培」。

通常トマトは葉が3枚出てから花房がつく。葉、葉、葉、果房という順を繰り返して生長するので、果房直下のわき芽だけ伸ばすということは、残り2枚のわきから出る芽はすべてかいて仕立てるということになる。具体的には、第2花房直下、第3花房直下、第4花房直下……のわき芽だけを伸ばして、さらに伸ばした側枝でも同じように花房直下のわき芽だけを伸ばしていく、という整枝方法だ。これで真ん中まで手が届くようになった。収穫のムダがだいぶ減り、1株15kgという多収穫を達成した。

しかし、この「なんちゃってソバージュ栽培」でも、収穫が始まるとわき芽をかく余裕がなくなり、株の上のほうはやはりジャングルのようになり、トマトも大きくならないし、手が届かないので収穫できないトマトがボロボロ落ちてきた。

●きっちりソバージュ栽培

「なんちゃってソバージュ栽培」で取りきれなかったトマトをしっかりとりきりたいと考えて考案した方法が「きっちりソバージュ栽培」。

1段おきに花房直下のわき芽を主枝として仕立て、合計8本の主枝に育て、上部は芯止めをする方式をとった。具体的には、第1花房直下、第3花房直下、第5花房直下のわき芽だけを伸ばし、その後の第6花房、第7花房以降のわき芽はすべてかいて、最終的に1株8本仕立てにする整枝方法だ（図7―2、図7―3）。

この方式では、側枝がかなりかき取られているため、収穫時に適熟のトマトを見つけやすく、パートさんでも誰でも簡単に収穫できる。収穫果が大きく揃っていること、さらに風通しがよいので病害虫の発生が少ないこと、同時に薬剤散布がしやすいというメリットがある。

反対にデメリットは、わき芽かきや仕立てなどの管理作業をきちんと行なわなければならず、ソバージュ栽培の魅力の一つである「省力」という面で

〈仕立て方法〉
1段おきに花房直下のわき芽を主枝として仕立てる
合計で8本の主枝に仕立てる
7段目以降を放任するとなんちゃってソバージュ、わき芽をすべてかくときっちりソバージュとなる

〈メリット〉
収穫時に見やすい
収穫果が大きい
風通しがいい
薬剤散布がしやすい
管理がしやすい

〈デメリット〉
芽かきや仕立てなどの管理作業が多い
初期の収量が少ない
導入に仕立てなどのスキルを必要とする

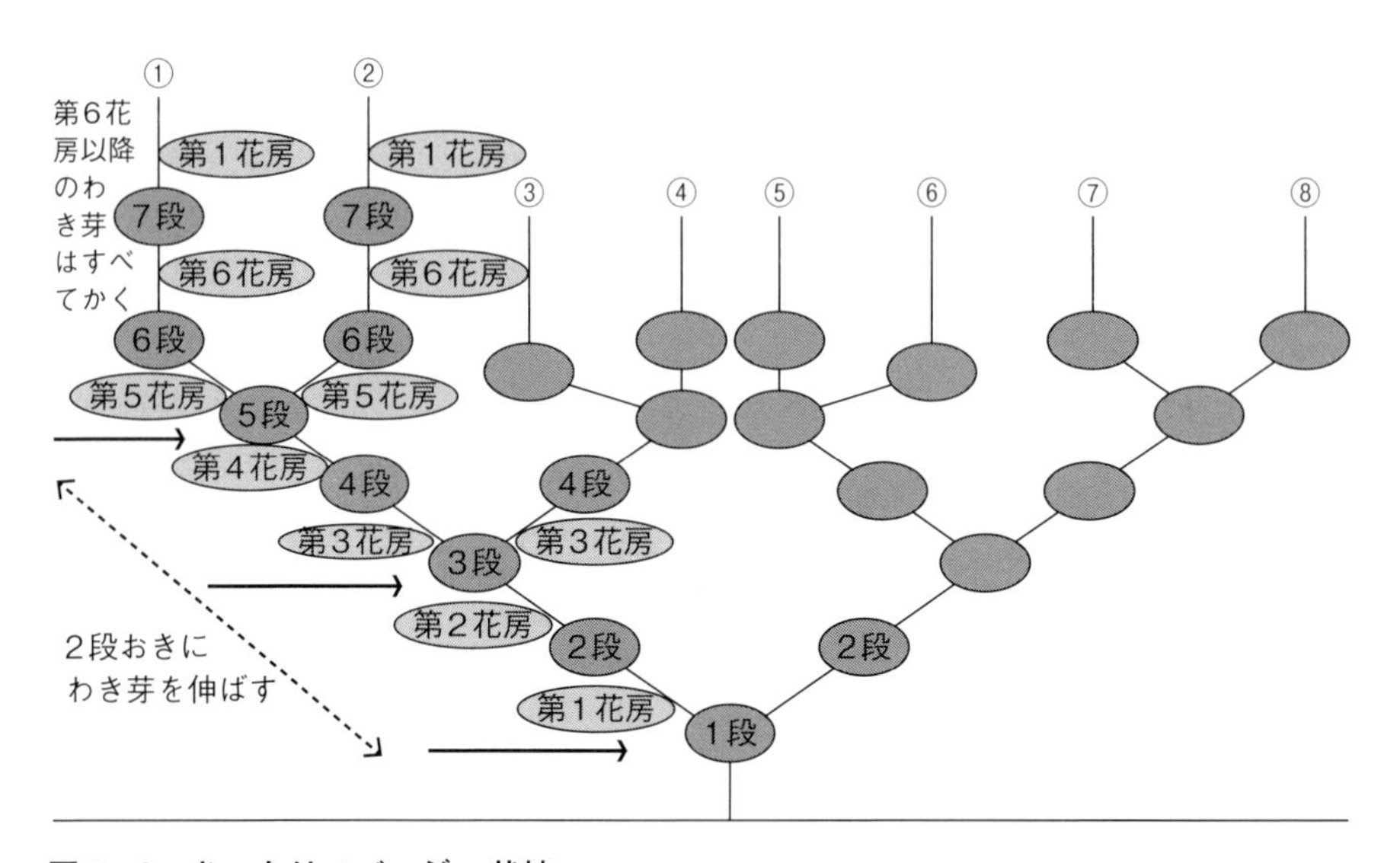

図7—2　きっちりソバージュ栽培

図7—3　きっちりソバージュ栽培の仕立て方

は後退していることになる。またかなりわき芽かきをするため、側枝の数が少なくなり、初期の収穫量が少なくなる。さらに、ほったらかしというわけにはいかないので、作業者には仕立てなどのスキルが求められることになる。

それでも一番手がかかる収穫作業を、初期の側枝管理に手をかけた以上に軽減することができれば、パートさんの収穫作業の効率化がはかれて、経営的には十分プラスになった。

これらは側枝数を経営の要請（パートさんでもラクに取りきれる仕立て方法）にこたえる形で管理していくソバージュ栽培の側枝数制限バージョンといえる。

5 リビングマルチによるウネ間管理

● 激しい気象への対応策

先に紹介した長野県の真木聡志さんは、ほかにもいろいろな工夫をしている。近年の激しい気象への対応策となっているのがウネ間でのリビングマルチの導入である（図7―4、図7―5）。

真木さんはソバージュ栽培のウネ間の被覆を、通常よく見られる防草シートではなく、麦類をリビングマルチにしている。麦類の「てまいらず」や「マルチムギ」などをウネ間に播種して育て、マルチの代わりにするという方法だが、そのメリットは経営面と栽培面の両方に及んでいる。

● 経営的なメリット

まず、リビングマルチ導入のメリットを経営面から見てみよう。

図7―4　麦類のリビングマルチ

図7―5　植えたばかりのトマトとリビングマルチ
雑草が生えない、天敵が住みついて農薬が減らせる、高温乾燥や大雨などに対応できるといったメリットがある

収穫期にはリビングマルチは枯れてウネ間一面が敷きワラ状態になり、雑草が生えない。一番忙しい収穫期に除草する必要がなくなった。また、リビングマルチがバンカープランツとして天敵を呼び寄せ、住みついてくれた。その効果で明らかにアブラムシ類が激減した。リビングマルチで被覆しているので泥ハネも防止でき、土壌病害もなくなった。当然、薬剤散布回数（有機JASで認められているもの）が減り、薬剤費と散布にかかる人件費を減らすことができた。そのほか、リビングマルチをソバージュ栽培だけでなく全作物で取り入れているので、仕事のない4～5月に播種作業を組み込むことで通年雇用が可能になったという。

次に栽培面でのメリットを見てみよう。

●高温・乾燥・大雨に対応できる

ソバージュ栽培は露地での栽培のため、高温や乾燥（干ばつ）、大雨などといった天候によって収量や品質などが大きく左右されやすい。近年は温暖化の影響か、気象が荒々しくなってきており、露地栽培でどう対応していけばいいのか、大きな課題となっている。解決策の一つがリビングマルチだ。

リビングマルチではウネ間に麦類などを生育させているので、ウネ間を防草シートで覆ったり、裸地にしたりしている場合よりも、直射日光による地温や気温などの上昇を抑え、土壌水分を安定させる効果が期待できる。大雨のときにも、リビングマルチの吸水によって土壌水分を安定させ、土壌の流亡を防ぐことができる。

●ウネ間の水分をコントロールする役割

収穫が始まる時期には、トマトの根はウネ間に伸びてきている。追肥やかん水なども株元ではなく、ウネ間に向けて行なうことになる。そのため、ウネ間の土壌水分をいかに良好に保つか、つまり、ウネ間の水分コントロールが重要になる。

土壌が高温や乾燥した状態では、トマトは養水分の吸収がままならないし、水分過多では根の呼吸が妨げられて根腐れが発生したり、養水分の吸収が阻害されたりしてしまう。

この点、リビングマルチを導入することで、ウネ間には麦類の根が張っていて、根まわりに養水分を保持している。また麦類の根が枯れても、大小の根穴が残るので、その根穴構造で養水分を保つことができる。

このようにリビングマルチは気象対応だけでなく、トマトの根まわりの環境を良好に維持するためにも役立っている。

●緑肥や有効菌の定着

夏には枯れた麦類が雑草を抑え、土に有機物（炭水化物）を供給する緑肥としての効果もある。真木さんはトマトだけでなく、リビングマルチにバチルス菌（納豆菌）などを散布しており、リビングマルチ上に有効菌が定着して、トマトのカビ系の病気を防いでくれていると感じている。これらの有効菌は枯れたリビングマルチの分解にも役立っている。

なお、麦類の播種は4～5月だが、生育初期の段階で従来の雑草に対して除草をしておかないと、麦類が雑草に負けてしまうことがあるので注意が必要だ。

6 農の学校の挑戦（BLOF Academy おおなん）

●田んぼ状態の畑で多収

2014年に島根県邑南町の元木雅人さんが水田転換畑で、植物生理に基づく有機栽培技術でソバージュ栽培を実践（試験栽培）して、ハウスに勝る収量（品種はロッソナポリタン、作付株数30株。収量は1株15kg、10a当たり500株換算で7・5t）をあげた。

この年はゲリラ豪雨の連続で、畑の水が抜けきらず、およそ1ヵ月の間、田んぼのような状態のところでソバージュ栽培をしていた。それでも土壌分析に基づいた施肥（アミノ酸肥料とミネラル肥料の投与）で、ロッソナポリタンの1株当たりの収量は16・4kg（うち裂果が1・7kg）、糖度は10度を下回ることがほぼなかったという（図7―6、図7―7）。

試験栽培した畑はもともとひどい湿田で水はけが悪く、畑作には不向きな土だったが、有機物とヨシをすき込み、土壌分析に基づいてアミノ酸肥料やミネラル肥料を施用し、20cmの高ウネにしてマルチで覆って蒸しこむ太陽熱養生処理を4月中旬から3週間程度行なった。土壌分析に基づいた施肥設計を行ない、太陽熱養生処理で団粒構造を発達させ、土の状態を変えつつ、定植後にはアミノ酸肥料やミネラル肥料（とくに重視したのは酢酸資材の流し込みと石灰、苦土、鉄など）の追肥

図7―6　水田転換畑で1株15kgとれたトマト
アーチパイプの内側の様子（8月13日）

図7―7　同じトマトの足元は長雨で水たまりができていた

を徹底した。

●チッソだけでなく ミネラルも追肥

追肥は7月上旬から開始し、トマト20株に対してアミノ酸肥料2kg、ミネラル肥料（石灰肥料を10kg、苦土肥料を2kg、ほかにホウ素やマンガン、鉄などを含む海草資材を1kg、鉄20％の肥料を500g）を20日間隔で3回追肥。その後はミネラル肥料だけを2週間程度の間隔で2回追肥している。

土壌分析をしてみるとわかるのだが、定植してからトマトはどんどん大きく生長していくにつれて、土壌中の養分は、チッソだけでなくミネラルも確実に減っていく。そのため、チッソだけの追肥では、ミネラルとのバランスが崩れ、裂果や尻腐れ果などの症状や病害虫なども出やすくなる。トマトに吸われ、減少したミネラルも追肥で補ってやることが必要なのだ。

●1カ月以上 沼地状態だったが……

この年は水田転換畑でひどい湿田、水はけの悪い畑にとっては最悪に近い天候だった。梅雨のときにはウネ間などはぬかるみ、滞水した状態が続いた。このときは酢酸資材（酸度10％）の原液約5ℓを10日に1回流し込んで、炭水化物の供給やキレート化（104ページ）によるミネラルの吸収促進などをねらった。

7月には明渠も切って対応したのだが、7月下旬からの断続的な雨のために8月初めから1ヵ月以上も水がたまりっぱなし状態になってしまった。明渠を切っても排水が追いつかない沼地状態で、ドブ臭いにおいがするようになった。水田だったこともあって、水田雑草のコナギが大量発生したほどだった。

9月上旬には下葉から枯れあがり始めたものの、樹の半分から上はまだまだ旺盛に茂り、花芽をつけて順次着果していた。しかし、9月中旬には一気に枯死してしまった（図7—8）。

図7—8　一気に枯れ上がったトマト（9月9日）

片付けの際にウネを掘り返すと15cmほどのところに黒い層が見られ、ドブ臭いガス（硫化水素）の発生源がわかった。株を抜いてみると、ほぼすべての株の根が上根になっていて、深く伸びる直根はなく、横に這うように浅く伸びるしかなかったことが見て取れた（図7—9）。

図7—9　枯れ上がった株の根を抜いたら上根になっていた（10月）

●さらなる高品質多収栽培が可能

しかし、このような状態でも1株15kg近いトマトを収穫できた。心配された裂果は思いのほか少なく、規格外品はほとんどがカメムシの吸汁加害によるものだった。

植物生理に基づいた土壌分析による土つくりや、アミノ酸やミネラルの積極施用などによって、トマト栽培に不向きな水田転換畑でさえハウスに勝る収量をあげることができたのだから、条件がよければさらなる高品質多収のソバージュ栽培が可能になるということでもある。ソバージュ栽培の可能性を大きく広げる実践だったといえる。

●石灰2倍、苦土3倍の設計

表7―2は2018年に島根県邑南町の「農の学校（BLOF Academyおおなん）」で行なったソバージュ栽培の元肥の設計書だ（品種はロッソナポリタン）。先の元木さんの設計である。面積は80m²と小面積だが、設計書の内容は驚くべきものだった。通常の設計と比較すると、交換性石灰の上限値の約2倍、交換性苦土の上限値の約3倍強となるような設計をしている。元肥に施用している苦土石灰は、10a当たりに換算すると550kgにもなる。

このような設計は「元肥の300％設計」と呼ばれていて、ミネラル、とくに石灰（カルシウム）と苦土（マグネシウム）を設計の上限値の3倍程度に多く施用する方法だ。

とくに石灰は細胞を強化する働きがあり、裂果や尻腐れ果などの発生を抑制してくれる。苦土は光合成を行なう葉緑素の中心物質で、十分施用することがトマトの生長の基礎となっている。十分で

表7―2　高品質多収を実現したソバージュ栽培の施肥設計（元肥）

診断項目	施肥前の測定値	下限値	上限値	施肥後の補正値 耕耘深度 10cm	20cm	30cm
比重	1.2					
CEC	4.3	20	30	—	—	—
EC	—	0.05	0.3	—	—	—
pH（水）	7.1	6	7	17.3	13.9	10.5
pH（塩化カリ）	5.7	5	6	—	—	—
アンモニア態チッソ	0.1	0.8	9	12	8	4
硝酸態チッソ	5.6	0.8	15	5.6	6	6
可給態リン酸	71	20	60	79	76	73
交換性石灰CaO	57	49	73	315	229	143
交換性苦土MgO	18	9	13	88	65	42
交換性カリK_2O	26	7	12	35	32	29
ホウ素	—	0.8	3.5	6.3	4.2	2.1
可給態鉄	—	10	30	50.0	33.3	16.7
交換性マンガン	0.1	10	30	50.1	33.4	16.8
腐植	—	5	10	—	—	—

分析は土壌分析器「ドクターソイル」による。各肥料養分の単位はmg/100g。—は未計測

なければ生育そのものも悪くなるし、トマトが小玉になったりする。

なお、苦土石灰をこのように多量に施用しても、いっぺんに効いてくるわけではないし、苦土は有効微生物の増殖にも使われるので、過剰症などの心配はしなくてもよいと考えられている。

●微量要素もきちんと施用

ミネラル肥料として石灰、苦土が大きな比重を占めるが、そのほかのホウ素やマンガン、鉄などの微量要素もきちんと設計に入れている。

ホウ素は細胞の接着や維管束づくりなどに欠かせないミネラルで、裂果や尻腐れ果などの抑制にも働いてくれる。マンガンは光合成に不可欠なミネラルで、苦土ほど多量ではないが、植物の生長には欠かせないミネラルである。鉄は呼吸に深く関与するミネラルで、鉄が不足すると根張りが悪くなる。当然、養水分の吸収も阻害されてしまう。また、葉緑素の生成にも関与しているし、何より機能性物質として注目されているリコペンの成分でもある。トマトの赤い色は鉄が十分吸収されないと淡いオレンジ色のような色合いになってしまう。

施肥設計の考え方としては、多量のミネラルを施用する場合には、その量に見合った堆肥・有機物の施用も必要になる。ミネラルと堆肥・有機物のバランスを考えなければいけない。

●チッソとミネラルの追肥

「農の学校（BLOF Academy おおなん）」でのソバージュ栽培は、追肥にチッソだけでなくミネラルも施用している。トマトが色づき始めたら10日おきにアミノ酸肥料をチッソ成分で4～5kgと苦土石灰を100kgの追肥を行なっている。苦土石灰の施用量は元肥と追肥で10a当たりに換算すると4tにもなった。

ソバージュ栽培のように放任に近い栽培では、生育量も多いので、その生育を維持、生長させるためにも多くの肥料養分が必要になる。生育にはチッ

図7―10　ミネラルが十分に効いている
シシリアンルージュ

ソだけでなく多くのミネラルも必要なので、当然、ミネラルの追肥も必要になってくる（図7―10）。

●土を乾かさない

生育に見合った十分な肥料養分を吸収するためには、土に適度の水分がなければならない。「農の学校」のソバージュ栽培では、かん水チューブを設置して、土を乾かさないように管理した。露地のソバージュ栽培では、梅雨の長雨、その後の高温や乾燥、さらに突然やってくる大雨など、トマトにとっては厄介な気象条件が揃っている。とくに土壌の乾湿の大きな変化は裂果に直結し、生長のサイクルを乱すことにつながる。

そのような大きな変化、とくに乾燥しないようにかん水チューブを使って、適宜、土を湿らせている。これは土を乾かすことでアミノ酸などの有機態チッソが硝酸態チッソに分解されて吸収されないようにすることが一つのねらいだが、トマトにとっては土の乾湿の差が大きいほど裂果につながりやすいこともある。

土を乾かさないことでアミノ酸肥料の有機態チッソの吸収を促し、同時にミネラルも十分に吸収できるようにしているのだ。

7 醸成2段仕込み

●全滅してもおかしくない状態から見事に復活

土つくりと施肥によって荒々しい気象を乗り越えた例もある。

２０１８年の熊本は、８月に雨が降らない時期が長く続き、その後台風が連続で発生、９月には記録的な豪雨に見舞われた。

「くまもと有機の会」の田中誠さんのソバージュ栽培（品種はロッソナポリタン）も例にもれず、８月後半には樹勢が衰え、このまま終わってしまうような状態に見えた。しかし、天候の回復とともに10月には樹勢が回復し、葉のテリなども出てきて、11～12月の霜にもやられずに、結局12月20日まで収穫することができた（図7―11、図7―12）。

その要因が前述の植物生理に基づく有機栽培技術を活用した施肥、それも元肥だけでなく、樹勢の衰えているときにも追肥として与えた養分が樹勢回復に大きな力を発揮したからだ。

土壌分析・施肥設計・施肥

この年の田中さんのソバージュ栽培は、条間（支柱間）2m、株間80㎝で50株を栽培した。田中さんは、有機農産物の流通の取りまとめをしながら、その仕事のかたわらで米や野菜などをさまざまな試験もかねて栽培している。

基本は土壌分析をして、その数値をもとに施肥設計をし、実際に施肥を行なっている。この年は、自家製の植物性堆肥、馬糞堆肥、ミネラル肥料（石灰や苦土、鉄、マンガンなど）、海藻系肥料を元肥として施用した。

図7―11　病気で樹勢が衰えてしまったトマト（2020年8月の様子）

図7―12　1ヵ月後、天候の回復とともに樹勢も回復したトマト（2020年9月の様子）

ウネを有機物マルチで覆う

ウネは堆肥、もみがらの有機物マルチの上にさらにワラで覆った（図7―13）。夏場に気温の高い熊本では株元の地温もかなり高くなる。そこで西日本で広く使われている白黒マルチではなく、堆肥ともみがら、ワラで覆うことで、地温上昇を抑えている。同時に、堆肥に含まれている炭水化物が雨と一緒に下降して土の軟らかさを維持する。もみがらやワラなども徐々に堆肥化していく。

●通路の緑肥とク溶性ミネラル

トマトの根は生長とともに株元から通路へと伸びていく。6月から8月、9月にかけて、晴れたときの直射日光は地温をグングン上げていく。そんな高地温から根を守ってくれるのが、春先に通路に播種された緑肥だ。天敵の棲家ともなるので、害虫対策にもなる。夏には枯れて、そのままウネを覆う。収量が増える時期に枯れてくれるので、追肥はそのままトマトに吸収されるし、残っている根が土壌の流亡も抑えてくれる。

図7―13　ウネを有機物で覆う

また、元肥の施用時に、作物の根が根酸を出したときに溶けてくるク溶性のミネラルも通路に施肥することで、根が通路に伸びた頃に吸収できるように仕組んでいる。

●樹勢が弱くても、分析値に基づいた追肥

追肥は果実がとれ始めたら、10日に一度のペースで牛糞堆肥を10a当たりで500kg、アミノ酸肥料を10a当たり20kg、同時に、土壌分析の数字を見てミネラル肥料（石灰や苦土、鉄、マンガン、ホウ素など）の必要量を確認し、樹勢を見ながら施用した。

樹勢が弱ってきた9月には、ひたすら堆肥と刈草（通路の緑肥）に石灰と苦土をパラパラふって、サンドイッチ状にしてウネに重ね、さらに酢酸資材200倍液や納豆菌液（市販の納豆から自家培養）と酵母菌液（市販のイーストを使って自家培養）のかん水などを行なった。

これらの対応がよかったのか、10月に入ると樹勢も回復し、葉にテリも出てきた。樹勢の弱いときには弱いなりに、必要とする養分を供給していたことが、天候の回復に伴い、旺盛な生育の回復に結びついたようだ。

根まわり環境を改善するための追肥

追肥というと「チッソ成分で3kgの追肥」というように、通常はチッソ主体で考える。ところが田中さんの追肥の中身は、堆肥やアミノ酸肥料、そしてミネラル肥料、さらには微生物資材など、まるで元肥の施肥内容のようだ。

田中さんの元肥は、堆肥や有機物、ミネラル肥料を畑に仕込んでトマトにとってよい環境、とくに健全な根まわりの環境をつくって健全な生長につなげるためのものだ。しかし、栽培期間中には土壌中の養分（チッソやミネラル）の減少（不足）だけでなく、土が締まってきて根まわりの環境が悪化してきたり、病害虫の被害が心配されたり、さらに天候がぐずついたりする事態が起きてくる。そのような状況のなかで健全な生育を維持するには、通常のチッソ主体の追肥では難しい。追肥を元肥と同じように考えて、健全な根まわりの環境、健全な生長に必要な資材を畑に仕込んでいくことが重要になる。

「醸成2段仕込み」というのは、有機の資材を発酵（微生物）やミネラルなどによって有益な物質へ変換していく過程（醸成）を、元肥だけでなく、追肥の2段構えで行なっていたからだ。

有機の追肥のねらい

樹勢を回復させた追肥の意味合いは次のようなものだ。

施用した堆肥に含まれる水溶性炭水化物が雨水によって下降し、土を軟らかくし、健全な根を維持する。健全な根であるためには、根まわりに酸素が必要で、そのためには土が軟らかく、気相が多くなければならない。堆肥に含まれる有機酸はミネラルを吸収しやすくしてくれる。さらに堆肥だけでなく刈草を施用することで有機物（繊維）を供給し、堆肥由来の微生物によって分解を進め、刈草を堆肥化していく（図7―14）。

自家培養して施した微生物のうち、納豆菌は増殖も速く、病気となるカビを抑えてくれる（カビとの勢力争いに勝つ）。また繊維の分解にも貢献する。さらに酵母菌は空気の少ない環境でも増殖し、堆肥や刈草などの分解物質をさらに分解、そのときに二酸化炭素を発生して、締まりがちな土くれをほぐしてくれる。

アミノ酸肥料の成分であるアミノ酸はたんぱく質の構成物質でもあるので、たんぱく質を合成する際に無機のチッソほど多くの光合成物質を使わなくてもすむ。アミノ酸肥料は植物に

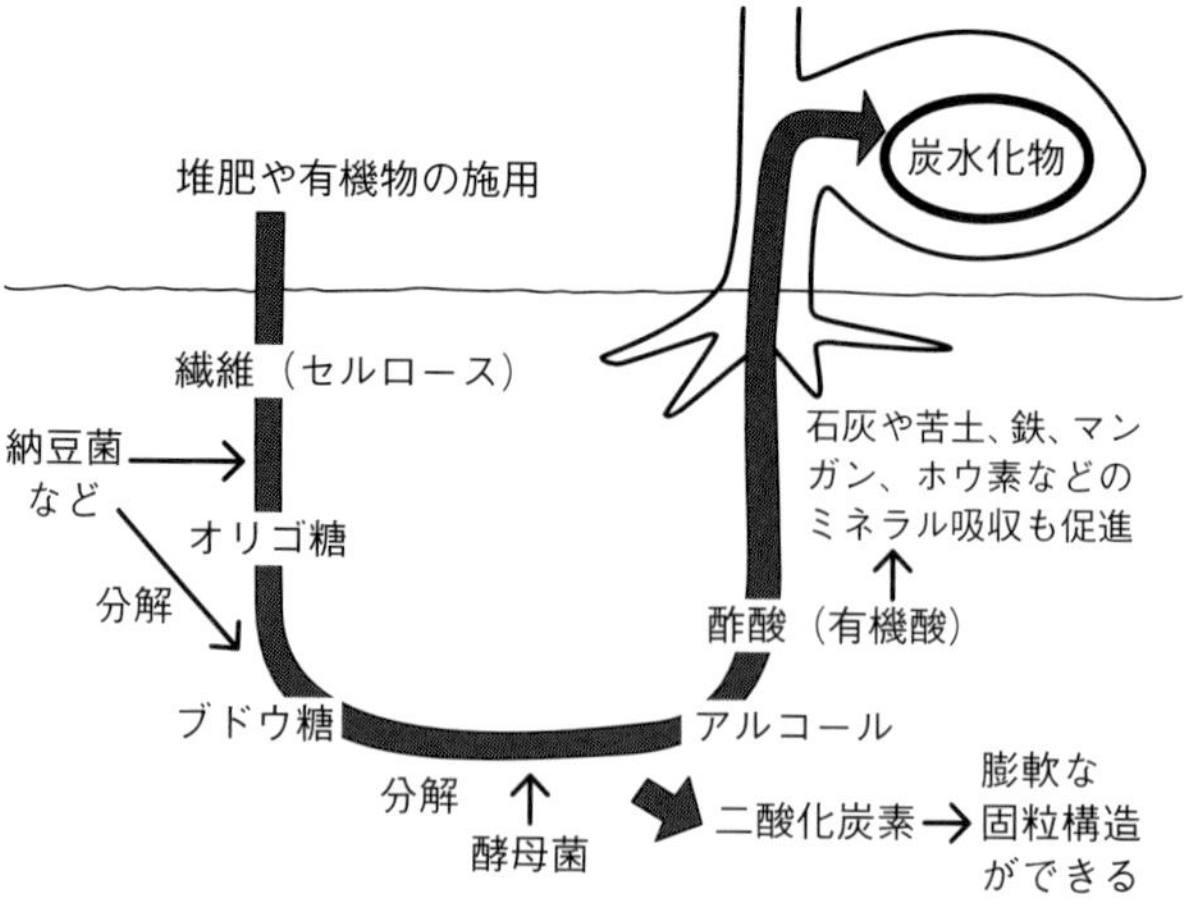

図7―14　堆肥や有機物の施用のねらい

とって効率のよい肥料でもある。

元肥だけの施用では、トマトのように栽培が長期にわたる作物では、土壌中のミネラルは吸収されて減少する。そのため、必要なミネラルを追肥で補う必要がある。また、微生物の増殖にとってもミネラルは必要である。

さらに水溶性炭水化物として酢酸資材の施用も行ない、天候が不順なときの光合成の補いとした。酢酸は同時にミネラルを吸収しやすくしてくれる働きもある。

●異常気象下でも成果

田中さんは「化学合成農薬などを使用しなくても復活していく野菜の姿は、今回が初めてではなく、今までもいろんな野菜で経験しています。最初の土つくりがしっかりしていれば地上部でトラブルが起こっても、根を元気にすることを意識して手当てすることで自然と回復してくると考えています」という。

このことは2018年だけでなく2020年のソバージュ栽培の生育についてもいえる。長期的な豪雨で病気（エキ病）が下葉から広がり、葉や葉柄などが黒くチリチリになっていた。そんなソバージュ栽培のミニトマトに、2018年同様に堆肥やアミノ酸肥料、ミネラル肥料、水溶性炭水化物（酢酸資材）を10日に一度くらいのペースで、土壌分析をもとに施用した。その結果、1ヵ月後には図7―12のように、以前の姿が想像すらできないようなジャングル状態になり、さすがに多収にはならなかったものの、収量も回復した。

このように近年頻発する異常気象、光合成が抑制される条件下でも、堆肥の施用による土つくりを前提に、土壌分析に基づいたミネラル施肥や光合成を補完する施肥、高温に対応した技術（緑肥の導入など）によって、収量や品質などの低下を最小限に抑えることができたのである。

第8章

ソバージュ栽培のレベルアップ

前章74ページからの各地のさまざまな実践から、ソバージュ栽培のこれから、工夫の余地についてまとめてみたい。

一つは仕立て方の問題、二つはウネ間・通路の管理の問題、そして三つは土つくり・施肥の問題である。順に見ていこう。

1 放任から半管理放任（側枝数制限栽培）

●放任では収穫作業に課題

ソバージュ栽培では花芽2段目までのわき芽はすべてかいてしまい、その後はわき芽をかかずに放任で育てるのが基本だ。根も深く広く張るので養水分の吸収がスムーズに行なわれ、気象の変化への対応力も大きい。わき芽をかかないことで省力になるのだが、問題は収穫作業だ。

枝葉が茂ってくると果房がどこにあるか探すのに時間がかかる、収穫できない果実（とり残し）が増える、玉揃いが悪いなど、おもに収穫作業時に課題が出てくる。

収穫後半に気温が下がってくる地域では、先端近くの果房は十分成熟しきれない。収穫も難しく、果実を落とすことになるか、収穫せずに終わってしまう。吸収した肥料養分の一部は、収穫できないような果実へ分配されることになるので、効率がいいとはいえない。

●摘心をして収量・品質を高め、収穫作業を効率化

より収量を上げるためには、生育盛期に細く徒長した枝、テープナーでネットに留める箇所のないような枝は切り落とし、必要以上に繁茂させないほうが収量、品質および収穫作業の効率化の面で利点が多い。収穫作業を効率よく進めるためにも枝は思い切って切るほうがよい。少し手はかかるものの、リーフカバーを保ちながら1株10～15本を目安に、それ以上の枝は切るようにするとよい（図8―1）。

長野県の真木さんの「きっちりソバージュ栽培」（第7章77ページ）のように、花房直下以外からのわき芽だけをかいて8本仕立てや5～6本仕立てなどにし、手の届くあたりで芯止めする方法をとることで、収量・品質・

作業性の向上を実現している農家も出てきている。

●経営に合わせて側枝数制限を導入する

生産者がソバージュ栽培を取り入れる際、一番忙しい収穫作業がまわるかどうかで栽培面積（購入苗数）を決めることが基本である。摘心による側枝数を制限する方式を採用するなら、収穫作業が効率化されることで、栽培面積を増やすことも可能だろう。

また、ほかの作目をつくっている場合には、これまではソバージュ栽培のトマトの収穫時期は非常に忙しくなり、トマトにばかり人員を割くことになり、ほかの作目の作業が遅れたり、おろそかになってしまうということもある。ソバージュ栽培の側枝数を制限することで、トマトの収穫時期でもほかの作目の栽培管理の効率を下げることなく、農場全体のマネージメントがしやすくなるメリットが大きい。

側枝数の管理をどのようにするかは、生産者の事情によって異なってくるだろう。摘心をする手間や技術がないということなら、放任に近い栽培法をとればよいし、収量・品質が向上して収益が見込める、収穫作業の効率化ができると考えれば、摘心を取り入れた栽培法をとればいい。

図8—1　真木さんの「なんちゃってソバージュ栽培」の様子

2　ウネ間・通路の管理

●地上部を支える健全な根

ソバージュ栽培は地上部のわき芽を伸ばして枝数を増やす分、地下部の根が広く深く広がる。地下部の根が健全に生育していくように根まわりの環境を整えることは、地上部の健全な生育を支えることにつながる。

根の環境を整える要素としては、地温が適切な範囲にあること、土が硬く締まらないこと、土壌水分が適切な範囲にあること、という3点が大切な要素だろう。

ウネの被覆は何がよいか

ウネの被覆は黒マルチか白黒マルチが基本である。黒マルチは雑草を抑えるのと同時に地温を高めることで、初期生育をよくすることができる。東日本や気温が低めで初期生育をよくしたい地域で使われている。

白黒マルチは雑草を抑えるためと地温が高くなりすぎるのを抑えるために使われる。とくに夏場、気温・地温が高くなって生育に支障が出るような西日本など暖地や温暖地で使われることが多い。

このようにウネの被覆資材は、雑草の抑制と適当な地温管理を目的に選ぶのが基本だ。

また、ワラやもみがら、堆肥などを有機物マルチとして使っている生産者もいる。この方法は草を抑えるのはもちろん、雨水も供給されるので有機物の分解物や微生物を生かしていこうという発想でもある（87ページ参照）。

さらに、定植の1ヵ月後にウネに緑肥をまいている生産者もいる。緑肥が繁茂することで陰をつくり、同時に地表面からの蒸散もあるので、株元とウネの温度を低く抑えることができる（後述）。雨水もウネに浸み込み、夏になれば緑肥は枯れてしまうので、猛暑時に株元の風通しが悪くなって蒸れるというようなことはない。西日本など暖地や温暖地であれば、緑肥が地温の上昇を抑え、初期生育を抑制することもないので、試してみるのもよい。

被覆資材による地温差は大きい

山梨県の田中千春さんがソバージュ栽培のトマトの生育初期に株元の温度を測定したところ、緑肥下28℃、ワラの下29℃、防草シート下32℃、白黒マルチ下34℃、無被覆36℃、銀マルチ下38℃、黒マルチ下40℃という結果になった。山梨県で5月下旬の午後3時での測定だが、5月下旬でも晴天時にはこのくらいの地温になる。この後、トマトも生長し、株元も陰になる部分が時刻などによって出てくるが、資材ごとの傾向は変わらない。さらに梅雨明けの強い日差しが当たる箇所ではさらに高温になることが予想できる（図8―2）。

株元、ウネの地温を下げるには緑肥やワラなどの有機物マルチが適しているといえるが、必要な量の入手が難しかったり、マルチした後の管理も考えなければならないので、地域や経営の条件などによって取り入れるかどうかを決める。

図8―2　被覆の有無、被覆資材によって地温は大きく変わる（写真提供：田中千春）

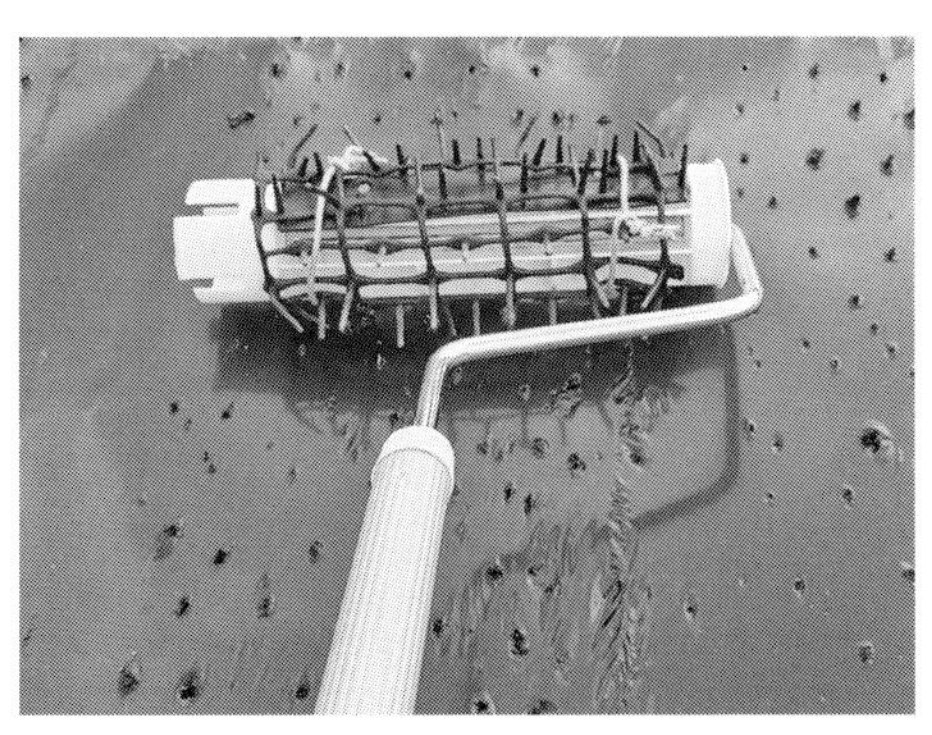

図8―3　地温を下げるためにマルチに小穴をあける道具（写真提供：長尾弘智）

地温が上がりやすい資材を使わざるを得ない場合には、初期生育をよくしてトマトの茎葉を茂らせ、地温の大きな上昇を抑えることが大事になる。

●「白黒マルチ＋小穴」で地温抑制と透水性確保

なお、白黒マルチに小穴のあいた被覆資材（全面有孔）もある。価格は通常の白黒マルチの倍ほどするものの、商品説明には白黒マルチより2℃ほど地温を下げる効果があり、小穴から雨水も浸透するとある。地温抑制と透水性を備えたマルチ資材といえる。

実際に使った生産者の話では、小穴から草が生えて生長しマルチに影を落とすことで、天気にもよるが、夏場ウネの地温を5℃くらい低く抑えることができるという。なお、普通の白黒マルチに小穴をあけて地温抑制としている生産者もいる（図8―3）。

●後半の根の健全さを保つ通路の管理

ウネの間の通路もソバージュ栽培にとっては重要な区画である。トマトは長期にわたって生長する野菜なので、トマトの根は生長するにつれて通路にも伸びてくる。追肥を通路に施用するのは、その伸びてきた根に肥料養分を吸わせたいためでもある。

通路に伸びた根を健全に保つことが後半のトマトの生育を支えることにつながる。とくに西日本など、暖地や温暖地の場合、最近の異常気象（猛暑）

図8—4　通路に緑肥（6月19日）

下で、日射による通路の地温の上昇をどう抑えるかが、後半の根の健全さを保って、さらなる高品質多収を目指すうえでの課題といえる。

通路の管理方法として、裸地にして生えてきた雑草は適宜刈る、防草シートで覆う、緑肥を育てる（図8—4）、という三つの方法のいずれかをとっている生産者が多い。

●乾燥を避ける適度な水分の維持

露地栽培では土壌水分をコントロールすることは難しい。梅雨の時期は土壌水分は高く保たれたままとなる。そして梅雨が明けて、夏の日差しが強烈になってくると、今度は反対に土が乾燥してくる。施肥した肥料分は土壌水分がなければ、根から吸収されない。日中、葉がしおれたり、干害によって生育が阻害されることも出てくる。高温障害や裂果なども発生してくる。可能なら簡易のものでもよいので、かん水設備を設けて土壌水分の大きな変動を避けるようにする。

この水分管理はなかなか難しい。かん水チューブなどのかん水設備がある場合でも、実際、どのくらいの水量で、どのくらいの時間、かん水すれば適切なのか判断は難しい。粘土質と砂質の土壌では異なるし、生育ステージによっても違ってくる。一概に「毎分何リットルの水を何分間かん水したらいい」とはいえない。可能ならpFメーター（土壌水分計）を地下15～20cmに設置して、pF値1・8～2・3を目安にして、生育状況も見ながらかん水量を決めるようにしたい。

水田転換畑では用水が近くにあることが多いので、かん水の条件はよい。しかし、畑作ではかん水設備を設けることが困難な場所も多い。次に述べる土つくりを適切に行なうことで、保水力のある土壌にして乾燥の害を軽減することが大切だ。

3 土つくり

トマトのソバージュ栽培は定植から収穫終了まで、半年前後に及ぶ期間、露地での栽培となる。そのため、気象の影響をもろに受けることになる。とくに近年多くなっている大雨や猛暑などの気象のなかでも、できるだけ被害を少なくしたい。そのためには圃場の排水性など構造上の改善と、いわゆる土つくりによって、厳しい気象条件（干ばつや大雨など）に対応できるようにすることが大切になる。

●水田転換畑では

露地での栽培では、大雨で圃場が滞水するようなことがないようにしたい。あるいは滞水しても、短時間で水が引くようにしたい。

水田転換畑で栽培する場合、もともとの田んぼには地面から20cmくらい下のところに鋤床（すきどこ）があって、水をためる仕組みになっている。

このような圃場にトマトを栽培するためには、高ウネにするか、鋤床をなくして、土壌物理性を改善する必要がある。暗渠をつくり、圃場の周囲には明渠をつくるなどして、大雨のときでも根まわりに滞水しないようにしたい。

●耕盤のある普通畑では

普通畑でも、トラクターの耕耘などによって、耕盤ができて、排水の悪い圃場もある。そのような圃場ではさまざまなアタッチメントをつけたトラクターによる深耕や心土破砕などによって耕盤を壊すことも考えたい。

●栽培期間中、土壌団粒を長く維持する

栽培期間が長く、しかも露地で雨を受けるソバージュ栽培では、雨水の浸み込みに管理作業による踏圧も加わって土が締まってくるのは避けられない。土が締まって、根まわりに十分な酸素がなければ、ソバージュ栽培の長所でもある根の活力が低下してしまう。

圃場の深いところに張っている根の活力を維持するには、根まわりに酸素が多いことが大切だ。このことは土の三相（固相、液相、気相）のなかで気相をしっかり維持するということだ。つまり、気相を多くするために団粒構造の土壌をつくり、いかに長く維持できるかがポイントになる。団粒構造をつくるには、良質堆肥など有機物を施

用して土つくりをきちんと行なうことが肝心である。

●堆肥施用による団粒形成

団粒構造ができる仕組みは次のように考えられる。堆肥中の繊維が微生物によって何度も分解を受け、だんだんとより小さい炭水化物の分子になって土壌中を下降していき、土塊のなかにも浸み込んでいく。浸み込んだ炭水化物（水溶性炭水化物）がさらに分解していく過程で二酸化炭素が発生、土塊を内側からほぐしていく。分解物の一部は糊状物質になり、周囲の粘土鉱物や小さな有機物残渣、微生物遺体などをくっつけて、徐々に大きな団粒を形成する。すると、水溶性炭水化物はさらに下降しやすくなり、団粒が下へ下へとつくられていく。こうして団粒が次々とつくられ、それらが構造的にくっつきあって団粒構造ができる。

このような団粒形成の仕組みを実現するには、良質堆肥が必要で、繊維や炭水化物、堆肥製造過程で生成する腐植酸などの有機酸、有用微生物群（繊維を小さな炭水化物に分解していく納豆菌や、炭水化物を二酸化炭素に分解していく酵母菌など）が含まれていなければならない。

●堆肥を追肥して団粒を維持する

定植前に良質な堆肥を施用していても、日時の経過とともに土は締まってくる。土壌団粒が崩れ、気相の割合が少なくなってくる。そこで、良質の堆肥を「追肥」として施用して、団粒の維持を心掛けている生産者も出てきている（86ページからの事例を参照）。

良質堆肥の施用によって、堆肥中の水溶性炭水化物が土壌中に浸み込むことで団粒が形成され、根まわりの環境が改善されていく。実際、86ページの田中さんは、このような手立てを講じることで、長雨による病気の多発から、見事、トマトを立ち直らせることができたのである。

4 ミネラルの重要性

ソバージュ栽培は1ヵ月半から2ヵ月の収穫で、ハウス栽培の夏秋どり以上の収量が見込めるが、その分、養分の収奪も激しいため、それを補う肥料をバランスよく施肥する必要がある。とくに見過ごしがちなのがミネラルの施用である。石灰や苦土などは土壌改良材というよりミネラル肥料という位置づけで考える。チッソが不足したらチッソ肥料を施肥するように、ミネラルが不足したらミネラル肥料を施肥するということである。

●元肥だけの施用では不足してくる

ソバージュ栽培の栽培期間中に土壌中のチッソ、リン酸、カリといった三要素だけでなく、石灰や苦土、そのほかのミネラルもトマトに吸収される。あるいは圃場外へ流亡して、減少していく。

チッソ肥料の追肥は2週間に1回の割合で施用するのが基本だが、ミネラル肥料の追肥も必要になる。とくに品質・収量アップを目指すなら、ミネラルの不足分を施用することがポイントになる。

可能なら、追肥時期でも土壌分析を行なう。そして、その数値に基づいて不足しているミネラルをミネラル肥料で補うようにする。ミネラルの減り方が早ければ、施肥間隔を短くするといった手立ても講じる。

●ミネラルによって根酸をつくる光合成を機能させる

ミネラルは鉱物、つまり石なので、それを溶かして根から吸収するために、植物は根から有機酸（根酸）を出している。その根酸が溶かしたミネラルを植物は吸収する。

根酸のもとをただせば、光合成物質であり、光合成をきちんと機能させるためには、多くのミネラルが必要になる。ミネラルをしっかり吸収するためには十分な根酸が分泌されなければならない。「根酸—光合成—ミネラル—根酸—……」というように、相補的な関係にある。

ミネラルに焦点を当てれば、光合成をきちんと機能させていくために、不足しているミネラルを適切な量、施用するにはどうしていくか、ということがポイントになる（図8—5）。

図8—5　ミネラルの効いた葉はテリがある

●ク溶性、水溶性の使い分け

ミネラル肥料には水に溶けやすい水溶性のものと、土が酸性のときに溶けだすク溶性のものがある。ク溶性の「ク」はクエン酸の「ク」の意味だ。ク溶性のミネラルは根酸に溶けて、植物に吸収されるが、水溶性よりも吸収される速度は遅い。つまり、水溶性ミネラル肥料は早く効き、ク溶性ミネラル肥料はゆっくり効くということになる。

そこでこの性質を利用して、元肥には水溶性のミネラル肥料とク溶性のミネラル肥料を組み合わせ、追肥には水溶性のミネラル肥料を選ぶようにする。初期からミネラルが効くように水溶性のミネラルで対応し、引き続き、ゆっくり効くようにク溶性のミネラルで対応するのである。

また、ソバージュ栽培では栽培期間の中頃から通路に根が伸びてくる。そこで元肥施用の際に、通路にク溶性の苦土や石灰などを施用しておけば、根が伸びてくる頃に苦土や石灰などを効かせることができる（88ページ参照）。水溶性とク溶性を時間差で効かせて、ミネラルの肥効を長続きさせる手法といえる。

●粒の大きさで肥効が異なる

また、肥料の造粒の仕方でも効き方は異なる。造粒が大きければゆっくり溶けるし、小さく、粉状であれば早めに効くことになる。

これらの特徴を利用して、ミネラル肥料を使いこなすとよい。水溶性、ク溶性という性質に加えて、粒の大きさを考慮して施用する。たとえば、水溶性のミネラルでも粒の大きいものと粉状のものを組み合わせれば、初期に粉状のミネラルが効き、粒の大きいものは溶けるのに時間がかかるので、ゆっくりと効いていくことになる。このように、粒の大きさを組み合わせることで、ミネラル肥料の効き方をコントロールすることができる。

ただし、追肥ではすぐに効かせたいので、粉状の水溶性のミネラル肥料を使うようにする。

●石灰は生育を強化し、裂果を抑える

石灰（カルシウム）および苦土（マグネシウム）は、イオウとともに多量要素といわれ、植物にとって基本となるミネラルである。

事例の島根県の元木さん（84ページ）

の場合は、トマトが色づき始めたら10日おきに苦土石灰100kg（10a当たり）の追肥を行なっている。元木さんは土壌分析に基づいて不足しているミネラルを苦土石灰100kgの追肥で補ったということになる。それだけ石灰や苦土などは減少していたということだ。

石灰は細胞膜の生成を強化し、病害虫抵抗力を強化する働きなどがあるミネラルで、トマトの尻腐れ果は石灰欠乏として知られている。とくに露地のソバージュ栽培で課題となる裂果も、石灰が十分に吸収されていないと多くなることが知られている。

●苦土は植物生理の根幹を支える

また、苦土は葉緑素の中心成分で、葉緑素の機能を維持して光合成をしっかり行なううえで、もっとも重要なミネラルといえる。光合成は植物生理の根幹を支え、植物が生長する材料、すなわちエネルギーをつくりだしている。そのような機能を持っている苦土の不足は、生長のあらゆる場面に影響する。たとえば、長雨や日照不足などで光合成の働きが弱くなると、光合成によってつくられる炭水化物および繊維の生産が少なくなって、茎葉の表皮が薄くなり、病害虫に侵されやすくなる。同じことは、土壌中の苦土が少なくなり、吸収量が少なくなれば起きてくる。苦土はトマトだけでなく、すべての植物にとって必要不可欠なミネラルなのである。

●鉄は根の呼吸に関係して活性を高める

ソバージュ栽培の特徴の一つが根張りのよさである。深く広く張る根によって、気象の変化を大きく受けることなく、生育することができる。その根の伸長を支えているのが鉄である。鉄が不足すると上根になり、根が深く入っていけなくなる。つまり、鉄が不足するとソバージュ栽培の特徴を生かせなくなってしまう。

鉄は光合成や呼吸、チッソ同化、チッソ固定など多くの酸化還元反応などに関与している。地上部より酸素が少ない土のなかで根を伸ばしていくためには、呼吸にかかわるミネラルである鉄が必要になる。鉄が不足していては、根を伸ばそうとしても伸ばすことができない。ソバージュ栽培の根の特長をより引き出すためにも鉄は必要なミネラルなのである。

また、途中から果実の着色が悪くなったような場合も、鉄不足が懸念される。鉄は色素の形成にも関与しているからだ。

とくに注目したい微量要素

鉄だけでなく、ほかの微量要素も栽培期間中に減少していくので、これらも適宜施用していきたい。とくにマンガンは二酸化炭素の吸収と還元に関与していて光合成や生命活動などになくてはならないミネラルで、欠乏すると樹の上のほうがクロロシス（退色）のように黄色くなってくる。マンガンが不足すると、光合成がしっかり行なわれないため繊維が弱く、その部分の組織が弱くなる。そこへ葉カビなどの病原菌がつくと病気にかかりやすくなる。ミネラルの不足はこのように組織を弱くし、病害虫の被害をもたらすことが多い。

マンガンのほか、ホウ素やケイ素などが重要な微量要素になる。ホウ素はおもにカルシウムと組んで細胞の接着剤としての役目をしている。ホウ素不足は細胞および組織を弱体化して、病害虫にも弱くなる。

ケイ素は病害虫の抑制と光合成促進に効果がある。もみがらやワラ、カヤなどイネ科の植物に多く含まれているので、それらを原料に使った堆肥を施用するとよい。ケイカルもケイ素を含む資材だが、使うときは必ず粉のものを施用する。粒状では溶けにくく、効果は期待できない。

適度な土壌水分が必要

ミネラル肥料を施肥する場合には、土に十分な湿り気があることが大切になる。ミネラル肥料の施用量が適切であっても、水分が十分でなければ植物はミネラルを十分には吸収できない。

なお、土壌分析に基づいて施肥をしていても、栽培終了後に予想以上に土壌中にミネラルが残っている場合がある。土に十分な湿り気がないために、ミネラルの吸収が滞ったことが考えられる。土壌水分が適切であったかを検討してみることも必要になる。

かん水設備があれば、適宜、かん水をして、土壌を湿らせておく。かん水設備がなければ、保水力を高める土つくりが大切になる。

堆肥との相乗効果

堆肥には腐植酸をはじめとした有機酸が含まれている。これらの有機酸は、ミネラルとキレート（104ページ）をつくり、ミネラルが植物に吸収されやすい形にしてくれる。そのため、有機酸を持った堆肥とミネラル肥料が出会うことで、ミネラル肥料の肥効を高めることができる。

良質な堆肥とミネラル肥料とは相性がよく、堆肥の機能にプラスして、ミネラルの効果を引き出し、トマトの健全な生長を促すことができる。

●雨によるミネラルの損失を補う

土壌中のミネラルは植物に吸収されたり、流亡して減っていく。そのため、ミネラル肥料を追肥して、植物にミネラルの補給をすることで、健全な生育を維持することができる。その一方で、植物体からミネラルが漏れ出す現象も知られている。リーチングと呼ばれており、「植物体からの物質の流亡」を意味する。

雨によって植物体表面のクチクラ層をつくっているロウ物質の小板がはがされて、そこからミネラル、炭水化物、アミノ酸、有機酸などが漏れ出してくる。一時的な大雨より長雨が続くような場合や濡れている期間が長いほうが流亡は多く、ほかの部位からの物質移動および供給が間に合わなくなり、植物の生長や生産が阻害されるという。

ミネラルのなかでは、とくにナトリウムおよびマンガンが多く流亡し、次いでカルシウムやマグネシウム、イオウ、カリウムなどが流亡しやすかった（カボチャおよびインゲンの若葉で24時間の降雨条件下での試験）。作物による違いはあるものの、雨によるリーチングによってミネラルは植物体から漏れ出してしまう。

このような現象を考えると、露地栽培のソバージュ栽培では、雨によるミネラルのリーチングが起きており、葉面散布や追肥などでミネラルを積極的に補っていく必要がある（このことはミネラルだけではないが）。とくに梅雨や秋雨など長期間雨が続いた後などは、多くのミネラルが流亡している可能性が高いので要注意である。

●葉面散布とかん水で微量要素を切らさない

なお、微量要素は確かに必要だが、カルシウムやマグネシウムほど必要量が多くないため、逆にやりすぎて過剰障害が出るおそれもある。一方、植物の成長には必須であるため、きらさないようにすることが重要である。「微量要素の宝船」、「スペシャルME‐C」のような微量要素資材を葉面散布とかん水で定期的に施用することをお勧めしている（資材については巻末ページ参照）。

5 酢酸を効果的に使う

●酢酸の効用

「第7章　ソバージュ栽培の応用」の事例で、島根県邑南町の元木さん（81ページ）と「くまもと有機の会」の田中さん（86ページ）は酢酸（酢）を資材として活用している。

元木さんは、ウネ間などがぬかるみ、滞水した水田転換畑というきわめて条件の悪い圃場での栽培だったにもかかわらず多収穫を実現している。また、田中さんは長雨で病気が蔓延、茎葉がチリチリになっている状態から回復し、11～12月の霜にも負けずに12月まで収穫することができた。

元木さん、田中さんともに、酢の流し込みや葉面散布などを行なって、樹勢の回復に効果があったと見ている。

酢酸資材の施用のねらいとして、水溶性炭水化物の供給とキレート化によるミネラルの吸収促進をあげている。また、田中さんは酢酸資材200倍液のかん水を行なっているが、やはり天候が不順なときの光合成の補いとして施用している。

●酢酸施用のねらい

お二人によると酢酸資材施用のねらいは大きく二つある。

一つは水溶性炭水化物の供給。これは化学式を使うとわかりやすい。酢酸の分子式はCH_3COOHだが、この分子が三つ重なれば$CH_3COOH \times 3 = C_6H_{12}O_6$というブドウ糖の分子になる。ブドウ糖は光合成でつくられる炭水化物そのものなので、酢酸は炭水化物の仲間で、その施用は光合成を補うことができるというのである。

もう一つはキレート作用によるミネラルの吸収促進。キレートというのは構造的にミネラルを抱え込むことのできる化合物のこと。語源はギリシャ語の「カニのはさみ」だ。カニのはさみのようにミネラルを挟むことで水に溶けやすくなり、植物に吸収されやすくなる効果が期待できるというのだ。酢酸の「-COOH」という構造はミネラルを抱え込むことができるのである。

土壌中にミネラルがあっても不溶化していて吸収されにくいことがある。施用した酢酸資材のキレート作用で植物に吸収されやすくするわけだ。

●酢酸は高温乾燥耐性を持つ機能性物質

また、酢酸は高温乾燥耐性を植物に

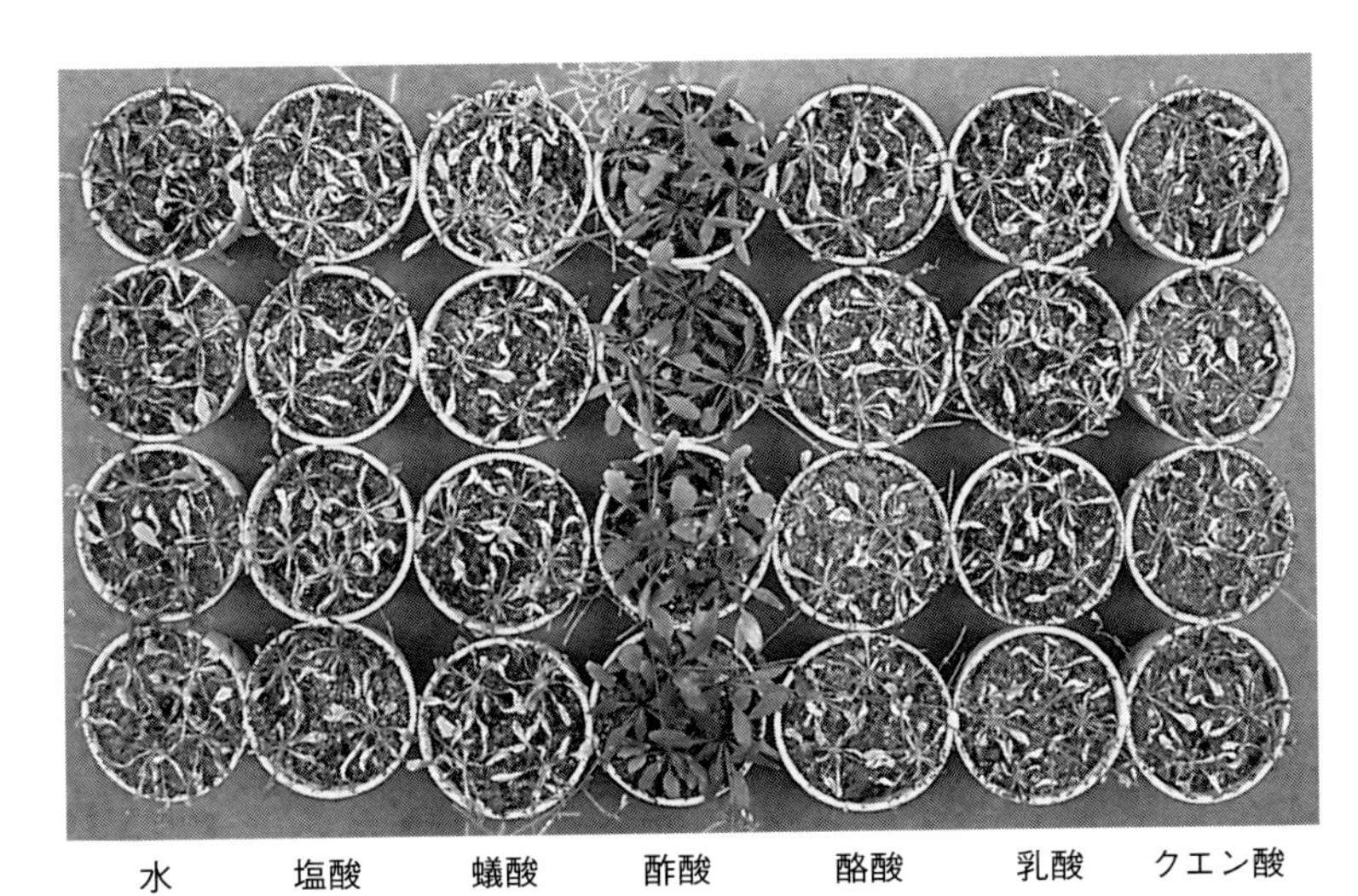

図8―6　耐乾性を引き出す酢酸
左から水、塩酸、蟻酸、酢酸、酪酸、乳酸、クエン酸の液に浸して前処理したシロイヌナズナに、2週間給水せずに乾燥状態にして、そのあとで3日間給水したもの。酢酸を与えたものだけが明らかに強い乾燥耐性を示した（写真提供：金鍾明）

付与することが最近の研究で確かめられている。天候に左右されやすい露地栽培では、近年、梅雨明け後の高温干ばつに見舞われることが多い。そこで、ソバージュ栽培での酢酸資材の散布や、酢酸の含まれている堆肥の施用によって高温や乾燥などからくる障害を軽減する効果が期待できる（図8―6）。

6 有用微生物で生育環境を整える

微生物を活用した栽培も行なわれている。良質堆肥は有用微生物の塊といってよい。ここでは事例（88ページ）で使われていた酵母菌および納豆菌について簡単に紹介する。

●酵母菌……団粒を形成維持する

土壌団粒は良質堆肥に含まれている水溶性炭水化物の分解によって発生する二酸化炭素と糊状の分解物質や有機物残渣、微生物遺体などによって形成される。このとき水溶性炭水化物の分解をするおもな微生物が酵母菌だ。

酵母菌は堆肥に含まれてもいるが、

十分な数量を土壌中へ送り込むために、酵母菌を培養して酵母菌液として施用している生産者も多い。酵母菌液をつくり、ウネ間や通路などに散布し、雨水やかん水とともに下降した水溶性炭水化物を分解してもらい、土壌団粒つくりに活躍してもらおうというわけだ。もちろん、そのためには水溶性炭水化物の供給源である堆肥や有機物などが施用されていることが必要だ。

酵母菌は、土壌団粒を形成維持することで根まわりの生育環境を整える役割をしているのである。つまり、菌耕を行なっている微生物なのである。

●納豆菌……地上部の微生物環境を整える

納豆菌（バチルス菌）は増殖力が大きいので、納豆菌液を散布することで、納豆菌でトマトの樹全体を覆って、ほかの病原菌（カビなど）が入り込まないようにすることで地上部の環境を整える。また、蛾や甲虫の幼虫などを抑える効果を持つものも知られている。

トマトは日々生長するから、納豆菌を培養した液の散布は、新しい枝葉にもかかるように、1週間から10日間隔で散布するのが効果的だ。

なお、自家培養する場合には、2～3種類の市販納豆で、納豆臭の強い商品を混ぜて培養すると効果が高いといわれている。

たとえば「PSバイオギフトLIQ」など市販されている微生物資材および微生物由来の資材も多い。ねらいと処方を確かめて活用したい。

7 液肥などによる植物体の強化と生育促進

良質な堆肥やミネラル肥料、酢酸資材、有用微生物の積極施用によって根の生育環境を整えても、近年の高温干ばつや大雨などの天候条件によっては根が傷み、うまく養分を吸収できない場合もある。その予防や対策には、液肥などを葉面散布とかん水によって定期的に（1～2週間に1回程度）施用することによって、植物自体を強化して生育を促進させることが有効である。

たとえば、発根促進効果のある「PSマリンパワー」や「アーキア酵素むげん」、転流促進や茎葉強化に効果のある「PSダッシュMEネオ」、茎葉のしおれや裂果の予防に効果のある「アルバトロス」、微量要素の供給として「微量要素の宝船」、「スペシャルME－C」など、状況によって使い分けたい（資材については巻末ページ参照）。

あとがき

常識を疑え――。

私が所属するパイオニアエコサイエンス株式会社の創業者であり、現会長である竹下達夫氏がいつもわれわれに話すフレーズです。かの福沢諭吉氏の「学問のススメ」や「電力の鬼」松永安左エ門氏の逸話にも登場する話ですが、「常識」とはその時代や状況のなかで作られたものであり、時代や状況が変われば、あるいはより真実を追求していくことで、「常識」は「常識」ではなくなり、新しい「価値」を発見することができます。

本書のトマトのソバージュ栽培も、取り組みが始まった当初は「これはできるわけがない」と、じつは私自身が一番強く思っていました。私の事務所は熊本県にありますが、ご存じのとおり九州は台風も多く、雨がとても多い地域です。そして、病虫害の発生も多いため、東北からスタートしたソバージュ栽培を初めのうちは半信半疑で様子を眺めていました。ところが、大分県で取り組む農家さんの現場を見ているうちに、「これはひょっとして?」と思い始め、それまでの「常識」を疑い、真実を追求する取り組みが始まりました。幸いなことに多くの農家さんや青果業者さんのご協力をいただき、さまざまな新しい「価値」を発見することができました。これらはソバージュ栽培のみならず、今後の「新しい農業のカタチ」のきっかけとなるかもしれません。

みなさんがこの本を読み進めることで、それまでの「常識」を疑い、ご自分なりの新しい「価値」を発見していくことに役立てば幸いです。

2021年3月

トマトのソバージュ栽培を考える会　管理人　パイオニアエコサイエンス株式会社　永田 裕

本書で掲載した資材の入手先・問い合わせ先一覧

その1

- **アーキア酵素むげん**……酵素の働きで土壌環境の改善と環境ストレスに対する強化〈＊①③〉
- **PSマリンパワー**……高純度海藻抽出エキスで発根や光合成を促進〈＊①③〉
- **PSバイオギフトLIQ**……有用微生物の働きで土壌環境の改善と作物を健康体に〈＊①〉
- **PSダッシュ MEネオ**……亜リン酸＋カリ＋微量要素の効果で転流促進（着果／果実肥大／食味向上）、茎葉強化〈＊③〉
- **アルバトロス**……糖類・PK（リン酸・カリ）・ミネラルの効果で葉の色ツヤや厚みを作る、茎葉のしおれや裂果の予防〈＊③〉
- **微量要素の宝船**……マグネシウムや鉄を主体とした光合成促進〈＊④〉
- **スペシャルME-C**……鉄、マンガン、ホウ素、銅、亜鉛、モリブデンを含む総合微量要素資材〈＊④〉
- **微生物とその棲家**……根圏の有効微生物を増殖・活性化させる土壌改良剤〈＊②〉

☞ 以上の資材の使用例〈＊参照〉

①定植時にドブ漬け（アーキア酵素むげん／PSマリンパワー／PSバイオギフトLIQ）
②定植時に植穴処理（微生物とその棲家）
③定期的な生育強化／台風後の樹勢回復（PSマリンパワー／アーキア酵素むげん／PSダッシュ MEネオ／アルバトロス）
④定期的な微量要素の供給（微量要素の宝船／スペシャルME-C）

☞ 以上の資材の問い合わせ先

パイオニアエコサイエンス株式会社　園芸種子部（栃木県宇都宮市）
TEL 028-638-8990　FAX 028-638-8998

- **ハイプロ**……ヤシがら炭に土壌微生物である「バチルス・サブチルス」（枯草菌）を混ぜ合わせて製造される微生物土壌改良資材。定植時の植穴処理で発根を促進

☞ 資材の問い合わせ先

株式会社キングコール（神奈川県横浜市中区）
TEL 045-241-6001　FAX 045-241-6002

次ページ（その2）に続く

本書で掲載した資材の入手先・問い合わせ先一覧

その2

- **BCエコネット**……………………生分解性ネット

  資材の問い合わせ先
  山弥織物株式会社（静岡県浜松市西区）
  TEL 053-449-0155　FAX 053-448-2397

- **アミノ酸肥料** および **ミネラル肥料**、**海藻系肥料**、**酢酸資材**の

お問い合わせは、フェイスブックグループ「トマトのソバージュ栽培を考える会」まで。

実際の使用事例が投稿されている

参考文献

◦仕立てと尻腐れ果・裂果について
小川 光『トマト・メロンの自然流栽培』（農文協、2011）

◦土壌団粒について
青山正和『土壌団粒　形成・崩壊のドラマと有機物利用』（農文協、2010）

◦雨によるリーチングについて
木村和義『作物にとって雨とは何か　「濡れ」の生態学』（農文協、1987）

◦納豆菌・酵母菌・酢酸の農業利用について
月刊『現代農業』2020年9月号　特集 知らなかった酢の実力

著者略歴

元木　悟（もとき　さとる）

1967年長野県生まれ。筑波大学卒業後、長野県下伊那農業改良普及センター、中信農業試験場、野菜花き試験場を経て、現在は明治大学農学部准教授、明治大学黒川農場長。著書『アスパラガスの絵本』『アスパラガスの作業便利帳』『アスパラガス高品質多収技術』『世界と日本のアスパラガス』他多数。
＊おもに本書の第１～６章を担当。

トマトのソバージュ栽培を考える会

2014年5月にフェイスブックグループとして開設。メンバーは1,400人以上（2020年12月時点）。ソバージュ栽培の技術向上やその活用方法について、グループ内で勉強会や現地検討会、イベントなどを行なっている。
＊おもに本書の第２～８章を担当。
https://www.facebook.com/groups/1375275332760838
（管理人はパイオニアエコサイエンス株式会社園芸種子部の永田 裕）
https://p-e-s.co.jp/tomato/

編集　**本田耕士**（柑風庵編集工房）

トマト　ソバージュ栽培

わき芽を伸ばして力を引き出す

2021年3月15日　第1刷発行

編者　一般社団法人　農山漁村文化協会

著者　元木　悟
トマトのソバージュ栽培を考える会

発行所　一般社団法人　農山漁村文化協会
〒107-8668　東京都港区赤坂7丁目6─1
電話　03(3585)1142(営業)　03(3585)1147(編集)
FAX　03(3585)3668　振替　00120-3-144478
URL　http://www.ruralnet.or.jp/

ISBN978-4-540-18172-6
〈検印廃止〉
DTP製作／㈱農文協プロダクション
印刷／㈱新協
製本／根本製本㈱

Printed in Japan
定価はカバーに表示
乱丁・落丁本はお取り替えいたします。